愛鳥のための
健康手づくりごはん

小鳥も大きな鳥さんも喜ぶ
シード・ペレット・野菜・くだものを使った
かんたんレシピ

はじめに

あなたの愛鳥は、「一生」あなたから与えられたものしか食べることができません。

はじめから少しドキッとすることを述べてしまいましたが、この事実をどのように感じられましたか。この本を手にとってくださった方には、ぜひ鳥に与える食べ物を「エサ」ではなく「食事」や「ごはん」と呼んでほしいです。

毎日同じものを繰り返し与えていれば、愛鳥は何の疑いもなく安心して食べるものだと思われがちですが、本当にそうでしょうか。

実は鳥と食には深いかかわりがあります。この本は、飼い主さんに愛鳥の食について考えるきっかけにしていただけるよう、食に関する「いろは」から、日本ではちょっぴり新しい愛鳥のための手づくり食のレシピまでをご紹介しています。

味覚が発達していないといわれる鳥類ですが、いえいえそんなことはありません。彼らは私たちが思っている以上に食事を楽しむことができるのです。

また、繊細な好みがあり、好きなもの嫌いなものをきちんと選びます。もし「うちの愛鳥は選り好みしないよ」ということであれば、同じものしか与えないことで、味覚を単純にさせてしまっているのかもしれません。

飼育下の鳥たちは野生の鳥に比べて退屈になりがちです。そんな愛鳥たちの生活が少しでも刺激的かつ充実するよう、食を楽しむという視点からＱＯＬ（クオリティオブライフ・生活の質）の向上を目指してみませんか。

近年、鳥を家族として迎える方が増えるに伴い、飼育に関する本を目にする機会も増えてきました。しかし日本ではまだまだ飼い鳥の「食」に関する情報量が不足ぎみで、本当は何を与えたらいいのか悩んでいる飼い主さんもたくさんいらっしゃいます。

まずは栄養や食材について知り、徐々に食の幅を広げてみませんか。はじめは「えっ、これが鳥の食べ物!?」と驚かれるかもしれませんが、基本的な材料はバードフード（鳥用飼料）に使われる食材としており、与える量の目安や注意事項も詳しく書いていますのでご安心ください。また、人間も食べられる品質レベルの食材を使用しているので、ほとんどの食材をオーガニック基準から選ぶこともできます。

ここにご紹介しているレシピは、かんたんなものから少し手間がかかるものまで、あくまでアイデアの一例として載せています。愛鳥の好みや飼い主さんのアイデアで自由自在にアレンジを楽しんでください。

あなたと愛鳥にとって、素敵なバードフードライフになるよう心から応援しています。

後藤美穂

目次

鳥の体に必要な栄養素

監修
獣医師　曽我玲子

鳥にとって必要な栄養素について、獣医師の曽我玲子先生にご監修いただきご紹介します。

私たち人間の体と同様、鳥の体にも必要な栄養素があります。鳥種ごと個体ごとに計算式による厳密な栄養要求量を算出することは実際の現場では難しいでしょう。まずは必要な栄養素を知り、その栄養素が主にどのような食物に含まれるかを知ることで、個体の健康状態に応じた食事を臨機応変に考えることができます。

様々な食物をバランスよく摂取することが、健康的な食事の要であると考えます。それは鳥も人間も同じです。私たちの食事において、特定の病気になった時以外、日常的に毎食摂取する食材の重さを量り、栄養素摂取量を計算することはしていませんね。

しかし、あらゆる新鮮な食物をまんべんなく摂取することが理想的であることは誰もが認識しています。

もちろんペレットは長年の研究を経て理想的な栄養バランスに近づけた製品ですが、それだけを食べているからといってパーフェクトな食事とはいえません。

ドライフードにおいても自然の食物がもつ栄養素を活かし、品質の高さや鮮度も重視されています。ヒューマングレード（人間が食すことのできる品質レベル）の食物を使ったフードが好まれてきています。鳥の食事も、既製品のみに頼る時代から一歩前進する日が目前にきているのではないでしょうか。

本来鳥を含む動物たちは、その環境の中で適した様々な食物から有効な栄養素を摂取し進化してきました。可能な範囲でペレットもオーガニックなものを選び、自然の食物からも有効な栄養素を摂り入れてください。

もし健康状態により特定の栄養素の欠乏や過剰摂取が指摘された場合は、主な栄養素と代表的な食物の一覧を参考にしてください。

愛鳥の食事を考えるうえで、注意していただきたいことがあります。

❶毎日同じ食物を与え続けることは避けましょう。偏った栄養素を継続して摂り続けると栄養バランスが保てず、適量を超えると過剰摂取となる可能性があります。

❷サプリメントの過剰併用などによる過剰摂取がもたらす副作用は、欠乏することよりも深刻である場合がありま

す。健康維持に役立つ栄養素であっても、必ず適量を守りましょう。適量がわからない時は、かかりつけの鳥の獣医師に相談してください。

❸食物は嗜好性も大事です。本書には比較的摂取しやすく鳥の体に負担の少ないものを一例として載せており、これに限るものではありません。人間同様、食物が体質に合わない場合もあることを十分にご理解ください。また、獣医師によって食べていいもの、悪いもの、どちらともいえないものの線引きが異なる場合があります。本書では複数の獣医師による勉強会や直接指導をもとに、安全性の高い食物を挙げています。

タンパク質

皮膚、羽、爪、くちばしの生成に大きくかかわります。「良質なタンパク質」とは、体内でつくられない必須アミノ酸（アルギニン、イソロイシン、ロイシン、リジン、メチオニン、フェニルアラニン、パリン、トリプトファンおよびトレオニン）をバランスよく含む食物を指します。

過剰摂取：肥満、高脂血症、腎障害、肝機能障害、痛風、くちばしと爪の過剰成長

欠乏：運動能力・体力・免疫力の低下、羽毛のみすぼらしさ、ストレスバー、体重減少、羽の色の変化、繁殖率の低下

鳥が食するのに適した代表的な食物

豆、穀物、卵、動物性タンパク質

脂質

脂肪酸、中性脂肪、コレステロールなどを総称して「脂質」と呼ばれており、肉・魚・野菜など様々なものから摂取することができます。不飽和脂肪酸は空気中の酸素により自動酸化され、過酸化脂質が生じます。また、体内でも活性酸素により連鎖的脂質化酸化反応が起こり、酸化されて過酸化脂質が生じます。

不飽和脂肪酸を摂取し過ぎて抗酸化物質が不足していると、血中に過酸化脂質（酸化ＬＤＬ）が増加し、血管壁（血管内皮細胞）に障害が起こり血栓が形成されやすくなります。野菜を食べると、野菜に含まれる食物繊維が過剰な過酸化脂質を腸内から排出してくれます。

体を動かすためのエネルギー源であり、細胞や神経組織の構成成分です。ビタミンを運び吸収を助ける働きもあります。特に必須脂肪酸（リノレン酸、アラキドン酸）は細胞膜や神経組織の構成成分です。腸管粘膜正常化、体温の調整、老化防止、心臓血管疾患の予防、表皮、生殖にも必要な成分です。生体が処理できる脂質の量には限界があります。鳥が食するのに適した脂質量は通常、全体の食事量の4％です。

過剰摂取：肥満、脂肪肝、動脈硬化、アレルギー、下痢、羽毛のべたつき

欠乏：発育の妨げ、活動力の低下、身体の消耗、皮膚炎、肝腫大、孵化率減少、ある鳥種では黄色の色素の異常

鳥が食するのに適した代表的な食物

ナッツ類、ゴマ、亜麻仁油、アサの実など

不飽和脂肪酸（必須脂肪酸）を含む食物から脂質を摂取すること。酸化した脂肪酸オイルを与えないようにしましょう。不飽和脂肪酸の豊富なオイル（特に魚油）は酸化しているとビタミンEを壊してしまうので、抗酸化成分をもつ栄養素を一緒に摂り入れるのもおすすめです。ビタミンCなどを含んだ生野菜なども積極的に摂り入れ、バランスの良い食事を続ける努力をしてください。

ビタミン

ビタミンは、生物の生存・生育に微量必要な栄養素のうち、炭水化物・タンパク質・脂質以外の有機化合物の総称です（なお栄養素のうち無機物はミネラルです）。皮膚や血液をはじめ身体を健康な状態に維持するために必要な微量栄養素です。ビタミンは、脂溶性ビタミン（A、D、E、K）と水溶性ビタミン（B_1、B_2、ナイアシン、B_6、葉酸、B_{12}、パントテン酸、ビオチンのB群ビタミン、C）に分けられます。

過剰摂取と欠乏：水溶性ビタミンは過剰に摂取したとしても尿として体外に排泄されますが、脂溶性ビタミンは肝臓をはじめとして体内に蓄積されるので、過剰摂取による副作用が出てくるリスクがあります。通常の食生活（ペレット主体＋新鮮な農産物摂取ではビタミン過剰症を心配する必要はありませんが、ビタミン剤・サプリメントなどで多量に摂取する時は注意が必要です。

ビタミンA（レチノール）は脂溶性ビタミンのひとつで、主に動物性食品に含まれており、体内ではレチノール、レチナール、レチノイン酸といった3種の活性型で作用しています。ビタミンAは皮膚や粘膜の正常保持、視覚の正常化、成長および分化に関与しているため、不足すると皮膚や粘膜の乾燥、夜盲症、成長障害、胎児の奇形などを引き起こす恐れがあります。また、脂溶性であることから過剰摂取には注意が必要です。食品中には、ビタミンA以外に体内でビタミンAに変換されるプロビタミンA（ビタミンAの前駆体）というものがあります。プロビタミンAは主に植物性食品に含まれ、赤や黄色の色素であるカロテノイドがよく知られています。

鳥が食するのに適した代表的な食物

ビタミンA（レチノール、βカロテン）…緑黄色野菜（ニンジン、シュンギク、カボチャ）、柑橘類／ビタミンD…日光浴、サーモン／ビタミンE…ナッツ

類、植物油／ビタミンK…コマツナ、ダイコンの葉、納豆／ビタミンB_1…大豆（きなこ）、海藻（大豆と一緒に摂ると消化が良くなる）／ビタミンB_2…トウガラシ、乳製品（チーズなど）、納豆／ナイアシン…ピーナッツ、マグロ（油脂、塩分を使用していないもの）／ビタミンB_6…トウガラシ、ピスタチオ、サーモン／ビタミンB_{12}…動物性食品、焼き海苔、かつおぶし／葉酸…エダマメ、茶葉、パセリ／パントテン酸…納豆、トウガラシ／ビタミンC…柑橘類、緑黄色野菜（パプリカ、ピーマン、ケール）

・ミネラル

身体機能の維持・調節および身体の構成成分です。

過剰摂取：ナトリウム…高血圧、胃がん、動脈硬化／カリウム…（腎機能に問題をもっている場合）不整脈、心肺停止／カルシウム…マグネシウム欠乏症、高カルシウム血症／マグネシウム…腎機能が正常であれば排泄できるので問題なし／リン…カルシウムの吸収阻害／鉄…ヘモクロマトーシス（臓器障害）、嘔吐、下痢、ショック症状／亜鉛…急性中毒、吐き気、精神不安定による毛引き／銅…肝機能・脳機能障害／マンガン…運動失調

欠乏：ナトリウム…精神不安定による毛引き／カリウム…不足しない／カルシウム…クル病（足の変形）、骨軟化、骨粗しょう症／マグネシウム…骨軟化症、高血圧、動脈硬化／リン…不足しない／鉄…不足しない／亜鉛…不足しない／銅…貧血、皮膚の脱色、骨の変形、抵抗力低下／マンガン…ペローシス（腱はずれ）

鳥が食するのに適した代表的な食物

ナトリウム…塩（過剰摂取に要注意。塩土は衛生上入れっぱなしにせず、砕いてごはん入れに足すなど）／カルシウム…大豆、緑黄色野菜（ケール、コマツナ、ダイコンの葉）、乳製品（チーズなど）／マグネシウム…ゴマ、ナッツ、豆、穀物／銅…ナッツ／マンガン…穀物（アマランサス）、ショウガ

食物繊維

血圧・血糖値のコントロール、消化機能の促進、良好な腸内環境の維持を助けます。

過剰摂取：下痢

欠乏：便秘

鳥が食するのに適した代表的な食物

野菜、豆、くだもの

栄養学の基本原則

栄養生化学の基本的な原則はすべての動物に適用され

ます。一番よく研究された種は私たち人間であり、人間に関する栄養学について調べることは、鳥の栄養について考えるうえで有益です。しかしながら、人に大丈夫な食物が鳥の健康を害する場合があります（例えばアボカドやネギなど）。与えるに適さない食物は念頭に置いておきましょう。

　植物中に存在する天然の化学物質「ファイトケミカル（フィトケミカル）」が第7の栄養素として着目されています。人間の生命維持に必要な栄養素には、①炭水化物、②タンパク質、③脂質、④ビタミン、⑤ミネラル（無機質）の5つがあり、総称して「5大栄養素」と呼ばれていますが、最近では「第6の栄養素」として食物繊維、そして「第7の栄養素」にこのファイトケミカルが位置づけられています。

　ファイトケミカルとは、ファイト（フィト）（phyto）＝植物と、ケミカル（chemical）＝化学物質で「植物性化学物質」のことです。主に抗酸化作用や免疫向上などが期待されます。

　ファイトケミカルはいろいろな食材をまんべんなく食べるのが上手な摂り入れ方です。その際に参考になるのが、食材の色素成分です。赤・橙・黄・緑・紫・黒・白の7色がそろえば、自然とバランスよく摂取できます。毎日7色摂ろうと躍起になるよりも、1週間単位で各色を摂取する気持ちでOKです（表1）。

　しかし抗酸化作用の効果を求め過ぎて、サプリメントなどによる偏った栄養素の過剰摂取とならないよう十分注意

ファイトケミカルを含む色素別食材表

赤	リコピン	トマト、スイカなどに含まれる赤い色素。抗酸化力が強い。
	カプサイシン	トウガラシの辛み成分。体を温める効果や脂肪燃焼率をUPさせる効果が期待されている。
橙	βカロテン	ニンジンやカボチャに含まれる。体内で効率よくビタミンAに変換される。目や皮膚、粘膜の健康、免疫力UPなどの効果。
黄	ルテイン	トウモロコシ、キウイフルーツの他、ブロッコリーにも含まれる。目の健康に有効とされ、紫外線から受ける酸化のダメージから目を守り、加齢に伴う眼病の発生率を下げる働きがあるといわれる。
緑	クロロフィル	「葉緑素」とも呼ばれている。緑のピーマン、オクラなどの緑色の植物が光合成を行ううえで欠かせない色素。抗酸化作用、消臭・殺菌効果があり、体臭を抑える作用や抗アレルギー作用なども期待されている。
紫	アントシアニン	ブルーベリー、黒豆、ナス、ブドウの皮などに含まれる、ポリフェノールの一種。目の疲れや視力低下を防ぐなど、目の健康を維持する働きがある。
黒	カテキン	緑茶に含まれ、抗酸化作用をもつ。カテキンを増やした健康茶やサプリメントが製品化されている。
白	イソフラボン	大豆やクズなどマメ科の植物に多く含まれる。女性ホルモンのエストロゲンに似た働きで、動脈硬化や高血圧、骨粗しょう症の予防、皮膚や粘膜の健康保持、自律神経のバランスを整えるなどの効果がある。

しましょう。適量を摂取することが大切です。

加工食品と自然食物

ペレットなどの加工食品は天然の食物の栄養素と同じ値であっても、健康的な栄養バランスを維持するには不十分との指摘があります。これは人間の栄養学にまつわる「栄養の基本的な単位は栄養素ではなく食品である」という論評が多くの研究の裏付けになったことからも証明されており、動物の栄養学においても同じといえるかもしれません。

種子食のみの食事は鳥にとって大切な栄養素をほとんど欠いており、一方ペレット食のデメリットは鳥たちに単調な食事を強制することです。鳥は体調や環境により好みが変わりますので、バラエティ豊かな食物を与える努力をし、一方で他のカテゴリの食物も試し、組み合わせ、まんべんなく与えることが理想的です。

新しい食物を与える際には、おもちゃと組み合わせたり、同居している他の鳥が熱心に食べる姿を見せるなどの工夫をすることで受け入れが期待できます。

フォレイジング（採餌行動）を取り入れた給餌方法も、豊かな食事を目指すうえで重要な部分です。鳥は高い知能を駆使し課題に直面しながら、日中の多くを活動的な採食に費やします。採食の豊かさは多くの飼い鳥にとって楽しさを感じ、退屈しのぎになります。採食行動の充実化は飼い主の想像力次第です。

嗜好性

成鳥の食物嗜好性は、幼鳥期の食事経験と密接に関係しており、極めて単調な食事で育てられた鳥は変化に富んだ食事で育てられた鳥に比べ、新しい食物に対する許容範囲が狭い場合があるといわれています。限定的な食事経験しかない鳥では、たとえ嗜好食物であったとしても、新しい形態の食物に馴染むまで2週間以上かかる場合があります。幼少期から様々な食物に触れ、成鳥になってからでも遅くはないので、積極的に新しい食物を提案してみてください。そうすることで、疾病や事故により限定的な食事を要する状況に陥った場合でも、食事内容の変更へのストレスが軽減できるかもしれません。

個体ごとの好みの違いは私たちの想像を超え新しい発見を与えてくれますので、栄養学の基本を守りつつ、ご自身の愛鳥に自由な発想で楽しみとともに与えてみてください。

参考文献は128ページに記載

愛鳥に食べる楽しみを

五感を使って食べる楽しみ

愛鳥が飼育下で日常を楽しむ方法として、おもちゃで遊ぶことや飼い主さんとのスキンシップ以外に「食べる楽しみ」も仲間入りさせてください。

鳥たちは、食べることを楽しむことができ、楽しむことにより生活が充実します。では愛鳥にとって「食べる楽しみ」とはどのようなことでしょうか。

まず1つ目は、「五感を使う」ことです。鳥たちは「色」、「香り」、「味」、「舌触り」、「噛みごこち」などを感じながら食事をしています。「色」は鮮やかな色であるか、自然に近い地味な色であるか、危険を感じる色かなど、見たときの第一印象を与える要素です。自然界では一日中食べ物探しに奔走しているわけですが、飛びながら赤く熟れた果実を見つけることができる鋭い目を持っています。

ごはん入れに色々な種類のフードを入れてみてください。目で見て、探しながら、そして考えながら口にして、夢中になって食べる食材もあれば、すぐに捨ててしまう食材もあります。

色々な種類のフードを与える時は、興味のなさそうな食材も入れてみてください。朝一番お腹がペコペコな状態での食事を観察すると、あなたの愛鳥がどんな色や形状に興味を示すかがわかります。

しかし重要なのは、興味があるものだけを与えることではありません。あえて興味があるものとないものを同居させることです。なぜそれが重要なのかは後述しますが、愛鳥が興味を示しやすいものを知ることは、食事の構成を考える際のヒントになります。

次に「香り」です。食材を愛鳥の目の前に差し出すと、くちばしを開けてとりあえず口の中に入れるものと、一瞬それが何かを確認したうえで口に入れることすらしないものがあることから、香りも判断材料にしていると考えられます。

「味」も感じていることは言うまでもありません。淡白な風味の食物でも嫌がらずに食べてくれる個体がほとんどですが、小さい頃から色や風味の強いフードしか食べていないと、突然無着色無香料のフードに切り替えようとしても食べてくれるとは限りません。

日頃から様々な風味のフードに慣れておくことは、愛鳥が充実した食生活を送るうえで大切なことです。好きなものだけを与えることが私たち飼い主の愛情表現ではありません。

「舌触り」は好き嫌いの大きな部分を左右すると考えます。同じ野菜を与えたとしても、すりおろしたものとカットしたものとでは反応が異なります。またお湯で溶いたフードも、なめらかなものとザラザラ感が残るものとでは反応が異なります。

「噛みごこち」を気にする個体もいます。現に我が家のコンゴウインコは、大好物のアーモンドであっても、湿気ているとひとくち割ってポイッと捨ててしまいます。なんて贅沢な、と思いますが、噛み砕いた時の「パキッ！」という「音」と「食感」は彼らにとって楽しみなのでしょう。「味」だけを感じ取っているわけではないことがおわかりいただけたでしょうか。

何を食べるか選ぶ楽しみ

次に2つ目のポイントは、「愛鳥自身に好き嫌いを選ばせる」ことです。

愛鳥の好みを知ることは大切だと述べましたが、それは決して好物を与えるためではありません。同時に愛鳥の苦手なものや関心のないものも知ることで、愛鳥自身に好き嫌いを選ばせ、採食行動を促すことにつながるのです。退屈な飼育下の鳥にとっては選ぶという行為がちょっとした毎日の楽しみになるのです。

私が主宰するSunny Kitchenのイベントでは、「あえて嫌いなものもごはん入れに入れてあげてくださいね」と皆様にお伝えしています。嫌いなものはそのまま残っているかケージの下や外に投げ捨てられてしまうことがほとんどですが、捨てることも彼らにとっては仕事です。現に野生の鳥たちが食べこぼした種子は、やがて芽となり木となり実となって次世代の糧となります。

さらに鳥たちは面白いもので、嫌いだったものを突然食べ始めることがあります。我が家でも「え、それ食べるの!?」と、鳥に向かって言ったことが何度もあります。あんなに嫌がっていたものを、何事もなかったかのようにむしゃむしゃ食べている姿に、笑みがこぼれてしまいます。それだけ鳥の好みは繊細かつ気分屋ということです。

逆に今までよく食べていたものを突然食べなくなるケースもあります。でも心配しなくても大丈夫です。きっとまたいつか食べてくれます。もしくは、成長につれて好みが変わったのかもしれません。どうか気長に新しい定番を一緒に探してあげてください。

繰り返しになりますが、「食べる楽しみ」とは愛鳥が喜ぶ好物だけを与えることではありません。「愛鳥が五感（本能）を使って健康的に好き嫌いを選ぶこと」が基本です。そのためには栄養バランスのとれた食事をバリエーション豊かに提供することに、飼い主さんが一生懸命取り組む必要があります。ちょっと厳しいですが、動物の命を預かる飼い主さんには、そのくらい食を大切にする責任があると思っていただきたいのです。一から考えるのはなかなか骨の折れることですから、この本から何かヒントを得ていただけましたら幸いです。

個体による好みの違い

飼い主さんから愛鳥と食にまつわるお話を伺うと、個体による好みの違いはとても興味深く面白いものだと感じます。我が家では見向きもされない食材がよそのお宅では大好評だったり、またその逆も然り。

愛鳥家さんとお話する機会がありましたら、食の好みについて情報交換してみてください。原産国が近い鳥種は食の好みに共通点があるなど意外な発見や、新しい食材にチャレンジするヒントに出合えるかもしれません。

大きさによる好みの違い

ペレットはサイズによって食べたり食べなかったり、ほんの数ミリの違いが好みを左右します。

あるオオハナインコの飼い主さんから伺ったお話です。そのオオハナインコにはくちばしでつまんでもすぐポイッとしてしまうあまり好きではないペレットがありました。飼い主さんはそのペレットを食べるようになってほしかったので、一般的にオオハナインコに適してると思われるミディアムサイズを継続して与えていたのですが、ある日間違えてひとまわり小さいスモールサイズを注文してしまいました。

すると、オオハナインコは今まで食べなかったそのペレットをすんなり食べ始めたのです。

ミディアムとスモールはほんの数㎜の違いです。つまりこのオオハナインコは、「体の大きさ」と「個体が好む食事の形状」は比例しないことを証明してくれたのです。

著者宅のコミドリコンゴウ。野菜は生食だと食べないが、乾燥させると水に浸けて食べる。

こちらも著者の家族、ヒメコンゴウ。すりおろした野菜が大好き。

形状による好みの違い

ペレット以外の食物にも個体差による好みの違いを垣間見ることがあります。

我が家には2羽のミニコンゴウインコがいますが、その好みの違いは明らかで、十中八九正反対です。例えばリンゴです。ただ切っただけの生のリンゴを与えてみると、シャリシャリいい音を立てて食べるのはヒメコンゴウインコ。コミドリコンゴウインコは表面をペロッと舐めるだけで噛むことはしません。

リンゴを乾燥させてみるとどうでしょうか。2羽とも水に浸けながら食べることが好きですが、柔らかくして最後までクチャクチャ食べるのはコミドリコンゴウインコです。

ところがすりおろしてみると、ヒメコンゴウインコの方が夢中になって食べるではありませんか。コミドリコンゴウインコはあまり興味がない様子です。リンゴ1つとってもアプローチによってこんなにも反応が異なるのです。

つまり単純に「うちの子は○○が好き（嫌い）」とは言い切れないのです。この本にはそのようなアプローチの方法を詰め込んでいます。野菜の切り方を変えるだけで舌の動き、首の伸び具合、目の見開き、足の使い方、噛み切る大きさ、咀嚼の回数が異なるでしょう。

それは物事に対し繊細な個体ほど顕著に現れるはずです。またその違いが彼らにとっては刺激的なのです。まずはニンジンを切ったりすりおろしたり、試してみたくなりませんか？

硬さによる好みの違い

個体による好みの違いを知るうえで硬さも非常に大きな要素です。

たとえ普段は止まり木やおもちゃを壊すことが大好きな破壊魔だとしても、果たして硬いペレットをバリバリ砕いて食べることが好きかというとそうとは限りません。意外にも大型種の方が硬い食物が苦手で、小型種の方が硬い食物に戦いを挑み突きながら食べてくれるなんて光景を目にします。

少し話はズレますが、愛鳥同伴で交流会を催すと、小型鳥の方が物怖じせずのびのびと飛び回り、比較的大型に分類される鳥の方が緊張して硬直し、飼い主さんから離れないなんて傾向が見られます。鳥とは面白いもので、意外と体の大きさと行動や好みが比例しない生き物です。

さらには水分量の好みにも目を向けてみましょう。

カサカサに乾いたもの、少しグニャッとした柔らかさがあるもの、くちばしが汚れるほどシャビシャビしたものなど、水分量の違いは手づくり食をアレンジするうえで1つのポイントです。個体によって好きな水分量があります。

こういった好みの違いを知り、あらゆるアプローチを試みることで、愛鳥はもっともっと食に対し興味を持ち、自ら楽しむことを習得するでしょう。

重要なのは「何が好きか」ではなく「どれだけたくさんの食べ物を好きになれるか」です。そしてその環境を飼い主さんがつくってあげられるか否かで、愛鳥と食のかかわり方が決まります。

愛鳥の好物を知ることは前項でも記述したように大切なことではありますが、ただ1つの好物を見つけるだけでは食べる楽しみは広がりません。好きも嫌いも含めて日頃から様々な食物に触れさせることは、「可愛い子には旅をさせよ」と同じようなメリットがあると考えます。

理想的な食事

鳥に食べる楽しみを感じてもらうためには、どのような食事が理想的なのでしょうか。一般的な飼育書には書かれていない内容を含み初めて目にする点もあるかと思いますが、極力実践しやすいよう具体的に示していきます。

Sunny Kitchenでは、食事を「ドライタイプ」と「ウェットタイプ」に分けて捉えているところからお話しします。基本的にメインディッシュは、ペレットや乾燥食材などを飼い主さんご自身でブレンドした「ドライタイプ」で構成してみてください。

衛生上ウェットタイプを日中ごはん入れに入れっぱなしにはできませんので、例えばドライタイプのフードを日中に与え、ウェットタイプの副食を夕刻以降（ごはん入れを片付ける直前）に少量追加するといった食事スタイルにすると、新鮮な状態で与えることができます（いつでもごはん入れの交換が可能な場合は、どんなタイミングでも構いません）。

一見、何種類の食材が入っているのかわかりにくい複雑な食事が理想的。バラエティに富むほどに、鳥は食べることに熱中する。

次に、メインディッシュであるドライタイプの食事をブレンドする際のポイントです。

1つ目のポイントは、「ごちゃごちゃしてわかりにくい食事」であることです。理由は前項で述べました通り、五感を使って探すことが鳥にとっては楽しいからです。なるべく複雑でパッと見では何が入っているかよくわからない取り合わせを工夫してみてください。「何が入っているんだろう?」と興味津々に探すその目は、目尻がつりあがって真剣そのものになるはずです。

コツは、ペレットを数種と何か1品でも「細かくバラバラにして散らばらせるアイテム」を取り入れることです。ペレットは1種類にしぼる必要はありません。ぜひ常に数種混ぜてみてください。

「細かく散らばせるアイテム」として、この本のレシピでは、ブレッド、クッキー、乾燥野菜、ふりかけなどがおすすめです。いずれも保存がきき、手でくずしながら手軽にブレンドすることができます。

そして2つ目のポイントは「個体に合わせた栄養バランスでブレンドする」ことです。何でもかんでも混ぜればいいわけではなく、糖質や脂質を摂り過ぎないように注意する必要があります。適量をキープするためには食材がもつ栄養素の特徴をある程度把握していなくてはいけませんが、慣れればスムーズにブレンドできるようになります。

では我が家ではどのようにブレンドしているかご紹介します。あくまで一例ですのでご参考までに。

我が家のドライタイプフード ブレンド方法

・ペレットは最低2~3種類をブレンドする。そのうち半量以上はオーガニックのペレットがよい。
・8~10種類のアイテム(ブレッドやクッキー、ナッツ、ドライフルーツなど)をブレンドする。
・ナッツ、ドライフルーツ、脂質の高いシードは与え過ぎない(ナッツ・ドライフルーツは指先程度、脂質の高いシードは1日2~5粒以内)。
・ペレットと副食の割合は6対4~7対3程度。
・あまり興味のないものも1つは加える。

概ねこれを基本に、昨日や最近の体調や前日に食べた量を考慮しながら毎日少しずつ違う構成でブレンドしています。必ずごはん入れを片付ける時に、状態をよく見て何が残っているか、何を下に落としてあるかなどを確認してください。できれば日中何度か確認し、食べる順番も把握できるとベストです。特に朝一番の食事の光景を観察すると愛鳥にとっての優先順位が見えてきます。日によって優先順位が少しずつ違うのも面白いです。

ペレットを複数種混ぜると多少成分の構成にばらつきが生じますが、常食用のペレット同士をブレンドする分には何ら問題はありません。常食用は英語表記で「Diet」と書かれています。決して痩せるためのダイエット用という意味ではありません。常食用は製品名に「Adult」、「Daily」などの単語が使われることもあります。おおよそタンパク質が10~16%の製品が常食用に当てはまります。この範囲が必要摂取量である個体に対し、12%のペレットと14%のペレットをブレンドしても、特に問題はありません。

特別に繁殖用やダイエット用の食事を必要とする個体には、同じタイプの製品をブレンドしてください。

健康的で幸せな食事には、バランスが良くバリエーション豊かな取り合わせが欠かせません。「今日はアーモンドよりも脂質の高いクルミを取り入れるから、その分アサの実はやめておこう」、「昨日はいつもより食べる量が少なかったから、今日はヒマワリの種を2粒増やそう」、「暑くなってきて風味の強いペレットを食べ残しているから、あっさりめの淡白な風味のペレットの比率を増やそう」、「換羽で羽が抜け始めたからバードブレッドを加えよう」というように、日々の状態に合わせてカスタマイズすることは、鳥の健康にもプラスとなり、飼い主にとっても楽しいひと時です。

ぜひ楽しみながらオリジナルの食事づくりにチャレンジしてみてください。

食事量の目安

まず、飼育下における鳥の一日の食事量は、体重の4～10%の範囲内が適正であるといわれます。範囲に開きがあるのは、個体ごとの代謝や健康状態、生活習慣により適正な量が異なるためです。

例えば体重が１００gの個体は1日4～10gがおおよその目安となる食事量です。小型鳥でも大型鳥でも、日頃から食べている食事量の計量および肉付きのチェックや体重測定を行い、急な変化がないか把握できるよう習慣づけましょう。

個体ごとの厳密な適正値を確定的に述べることは難しいため、全体の食事量における各食材の理想的な割合をおよその範囲で示します。この範囲内で量を決め、３つから５つのカテゴリを組み合わせてみてはいかがでしょうか。

ペレット……～70%
シード………～50%
野菜…………～50%
穀物…………～20%
くだもの……～15%

※穀物はペレットにも含まれるため、少なめに示しています。

あくまでおおよその目安ですので、獣医師によっては１００%シードでよいとしたり、野菜をもっと与えるよう指導する場合もあるかもしれません。

例えば、1日10gがトータルの食事量とした場合、疾病などによる特別な食事構成を必要としなければ、ペレット7g、野菜2g、くだもの1gとする日や、ペレット6g、野菜3g、穀物1gとする日があってもよいでしょう。全体量を超過せず、年間を通してバランスよく摂取することを基本としています。

シードが大好きなセキセイインコのぴぃちゃん。

参考までに、我が家のミニコンゴウインコたちには概ね、ペレット50～70%、シード10～20%、野菜くだもの10%～30%、穀物10～20%、ナッツ5～10%という構成をおおまかな目安にして、毎日少しずつ変化をつけながら提供しています。

体質、健康状態、鳥種別の食性などにより適正値は異なりますので、より細かに食事の構成を考える場合はかかりつけの獣医師にご相談ください。

シードとペレットはどちらがいいのか

飼い主さんの間のみならず、獣医師によっても推奨する食事の主食がシードかペレットか分かれるようです。あっちの先生はシード派、こっちの先生はペレット派……。本当はどちらが良いのか迷う飼い主さんもいらっしゃるのではないでしょうか。

しかしなぜ二択なのでしょうか。食の幅を狭めさせることで、余計に飼い主さんが悩んでしまう気がします。

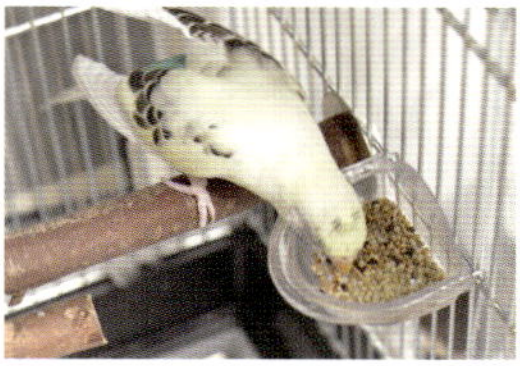

ペレットに切り替えできたセキセイインコのおもちちゃん。シードと併用している。

ペレットもシードもいいところがあるのなら、どちらも食べればいいというのがこの本の方針です。積極的に良い食事を与えようと取り組んでいる飼い主さんは、もはやそんなことにはとらわれていないように見受けられます。とはいえ、ペレットとシードそれぞれのよいところは知っておきましょう。

ペレット

❶不足しがちな栄養素を選り好みすることなく摂取できる

❷消化の負担が少ない

❸疾病によりペレット食が必要となった時に適応しやすい（入院中、病中病後）

など、ペレットは健康面でのメリットが挙げられます。食べたものを吐き戻した内容物を見ると、シードは粒が残った状態ですが、ペレットは既にペースト状になっていることが多く、消化が進んでいることがわかります。

シード

❶自然に存在する食物で剥いて食べる楽しさがある

❷ローカロリーなものや、良質な脂質を含むものがある

などシードにもよいところがあります。やはりシードも鳥の食事には欠かせないものではないでしょうか。

しかしこの本のレシピは、あえてシードを使う量を減らしています。それはちょっとスパルタ式だからです。

シードからペレットへの切り替えにチャレンジしたことがある方はより実感があるかと思いますが、どうしてもペレットは食べにくく、シードは受け入れやすい傾向があります。

もちろん何の抵抗もなくペレットに移行する個体もいますが、シードの方が好きな個体が多いのは事実です。

なのであえてシードを使わずに、手づくり食の力でペレットや他の食材に馴染みをもってもらえるレシピを選びました。ペレットへの切り替えに苦慮している方は、こっそりペレットの入った手づくり食でペレットの風味に慣れる訓練にチャレンジしていただけたら幸いです。

ペレットについて考える

ペレットは栄養バランスがよいと言われるために、ペレットのみを与えている、という方はいらっしゃいますか？　一見優れた食事のように思われそうですが、果たして一生ペレットのみを与えられる鳥は幸せなのでしょうか。ペレットもメリットばかりではないことを知っておいてほしいと思います。

❶ペレットのみの単調な食事は選んで食べる楽しさを欠きます。数種のペレットを混ぜたり他の食材とブレンドして楽しい食事を演出しましょう。

❷ペレットの切り替えに挑戦してみても、まったく食べない場合があります。そんな時は、いろいろな種類のペレットを与え、愛鳥の好みを知りましょう。ペレットも各メーカー様々な種類があるので、その中で好き、嫌いがあるはずです。

❸突然ペレットに切り替えることは大きなストレスとなる場合があります。段階を経て慣れさせていくことが必要です。

❹色がついたペレットは糞便の状態を判断しづらい場合があります。着色ペレットのみを与えることはのぞましくありません。

「シードとペレットどちらが長生きするの？」という質問を受けることがあります。

個人的には「どちらともいえません」とお答えしています。ペレットの歴史はまだ浅いですから、長寿の大型種を含めたすべての鳥種における確固たるデータが存在するわけではありません。

まだペレットがなかった、幼少期に一緒に暮らしていたコザクラインコは、シードのみの食事で14年間とても元気で亡くなる前日までピンピンしていました。結局のところ長生きするかどうかは、その子が生まれもった体力や体質、生きる力によってある程度は決まってしまうことも否めません。

あまり「この子を長生きさせたいから」という想いばかりで躍起になり食事を悩むことはおすすめしません。それよりも「どうしたらこの子が限られた命の中で日常生活を楽しめるか」に重きを置いた方が、後悔のない人生・鳥生を送れるように思います。

愛鳥の食事と向き合うことは、愛鳥の一生や、飼い主さんの愛鳥とのかかわりについても考えることなのです。

通常はペレットだが、特別にご褒美としてシードをもらったヨウム。

ペレットは鳥にとって理想の食事か？

ペレットとは、トウモロコシや麦などの穀物を粉砕し、ビタミン、ミネラル、必須アミノ酸類を添加し形成・焼成した総合栄養食です。栄養バランスのとれた食事を目指すうえで、ペレットに頼るところは大きいでしょう。

手づくり食で完璧な栄養素を賄えれば理想的ですが、現実的ではありませんし科学的根拠に基づき開発されたペレットを摂取することのデメリットがメリット以上にあるとは現在考えられていません。つまり、ペレットが完璧ではないとしても、慣れておいて食べられるに越したことはないということです。

ハリソン社のマッシュ（粉末）タイプ。

メーカーの特徴を知る

ペレットにはメーカーごとに特徴があります。飼い主さんも試しに食べてみると、その違いがわかると思います。この項では代表的なペレットメーカー2社の特徴を挙げてみましょう。

ハリソン社（Harrison's Bird Foods）のペレットは、原材料の95％以上にオーガニック食材を使用し、USDA（United States Department of Agriculture・アメリカ合衆国農務省）傘下のNOP（National Organic Program・ナショナルオーガニックプログラム）の認証を取得しています。

オーガニックとは簡単に言いますと、農薬、肥料、土壌の条件だけではなく、生産において人（労働者）や地球に優しい配慮がされているかどうかも査定の条件としてクリアしなくてはいけません。オーガニック認定品ということは、合成保存料、着色料、香料なども添加していません。

　見た目はグレーがかったベージュで、味わいは淡白です。初めは食いつきが良い個体と悪い個体がハッキリ分かれる傾向がありますが、最終的に食べるようになったという声もよく聞きます。中型鳥向けの中間サイズがないことと、最も大きいサイズ（コース）はとても硬いところが難点ですが、粉末タイプ（マッシュ）を製造しているのはこのメーカーのみで、粉末タイプをうまく活用すれば様々な好みに対応できます。

　また、ベビーフード（ジュヴナイル）は、体調を崩した際の応急食としても活躍してくれますので、ぜひ知っておいていただきたいメーカーです。

　ラウディブッシュ社（Roudybush）のペレットは科学的によく研究されているイメージです。サイズは他のどのメーカーより細分化され、デイリーメンテナンス（常食用）だけでも6種類つくられています。

　硬すぎない食感と天然のアップル香料を使用していることから、比較的受け入れやすい個体が多いです。腎疾患や肝疾患をもつ個体向けの処方食ペレットや、アレルギーを軽減させるために主原料をお米にしたペレットなどもつくっています。

　お堅いイメージの反面、ソーク＆フィードのようにバリエーション豊かな食材をブレンドしアレンジが利く副食も製造しています。

　海外メーカーは、オメガ（必須脂肪酸）に着目したフードづくりに取り組むメーカーや、カラフルなフードづくりが得意なメーカー、形に特徴をもたせるメーカー、カリカリに焼いた食感を楽しませるメーカーなど、あらゆる工夫をしています。

　どのメーカーが良いか迷ってしまった時には、あなたにとって最も熱意を感じるメーカーをメインのペレットに選ぶのも選び方のひとつです。

　今はインターネットで簡単にペレットを注文することができます。またメーカーのウェブサイトを覗いてみるのもなかなか面白いものです。ぜひ様々なメーカーのペレットに手を伸ばしてみてください。

ペレットメーカーも様々。同じメーカーばかりでなく、色々試してみてほしい。

手づくり食をつくる理由

正直申し上げて、この本に載っているレシピを見て「こんなものを与えてはダメ！」とおっしゃる獣医師さんは少なからずいらっしゃることでしょう。

一番の理由は「加熱したデンプン質を摂ると、そのうにカビが生える」という考えが根強く浸透していることが挙げられます。

デンプン質は穀物やイモ類などに多く含まれ、代表的な食材ですと、ゆでたトウモロコシや蒸したサツマイモなどが該当します。しかし「加熱したデンプン質＝そのうにカビ」の本来の解釈は、「消化機能が低下して食滞を起こした場合のリスク」のことであり、単純にイコールではないのです。

それは近年の飼育書でも記述され始めていますし、栄養学の講演を度々行っている獣医師にも確認しています。厳密にいえば獣医師が推奨するペレットもデンプン質を含む穀物を加熱してつくられており、体が未熟な雛や体調を崩した際に応急で与えるベビーフードもデンプン質に熱が加わるわけですから、イコールで結んでしまう解釈は少々大雑把だといえるでしょう。

鳥類の研究が進んでいる海外では、ポップコーンを使用した製品や、豆や穀物を煮て加熱調理するための製品、穀物をベースにした生地をじっくり焼くバードブレッドなど、様々なバードフードが存在します。もちろん我が家でそれらを与えて嘔吐したり体調を崩したことは一度もありません。日本でＮＧとされている「そのうにカビ説」の解釈はあまり神経質に捉えない方がよいかもしれません。

とはいえ、この本ではやみくもに人間の食事に似たものを手づくり食として提案しているわけではありません。消化に負担をかけないような食材の使い方と、栄養バランスを崩さないような摂取量の目安を明示するように心がけています。適切な栄養バランスは個体ごとに異なりますので、手づくり食にチャレンジする前に日頃から愛鳥の体質や健康状態を

よく観察することが大切です。

さて、不安を解消したところで本題です。なぜ飼い鳥に手づくり食をつくるのでしょうか。飼い主さんが愛情をこめた食事を与えたいから、というのは大きな理由のひとつでしょう。実はそれ以外にも愛鳥にとっていくつかのメリットがあります。

❶まずは新鮮な状態で与えられることです。ペレットなどの製造品は、品質保持の工夫がされているとはいえ、つくってから日が経ち開封後はどうしても酸化が進みます。飼い主さんがつくった食事は、新鮮な食材を使いたった今つくったばかりです。新鮮な食材が持つおいしさを愛鳥にも感じてほしいですよね。

❷次に無添加でつくることができます。バードフードも人間の食事同様、ナチュラル志向になってきてはいますが、まだまだ食品添加物を使用した商品もあります。手づくりは完全無添加でつくることができるのも大きなメリットです。

❸さらにはオーガニック仕様でつくることもできます。実際にこの本のレシピでは、ほとんどヒューマングレード（人間用）のオーガニック認定品や特別栽培農産物を材料として使用しています。オーガニックをどれだけ取り入れるかは人それぞれ考えがありますので、明確にどちらが良いかをここでは言及しませんが、オーガニックにこだわるのであれば手づくり食を取り入れない理由はありません。

❹個体に合わせてカスタムできることも大きなメリットです。やはり既製品のみのローテーションでは、食の幅に限りがあります。愛鳥の興味を引き出す工夫がされたバリエーション豊かな食事を提供しようと思うと、手づくり食は必然的に欠かせない存在といえるでしょう。食感（硬い、柔らかい）、風味、色、舌触り、温かさなど、食事に変化をつけることにより愛鳥が「食べる楽しみ」を感じ、ＱＯＬ（クオリティオブライフ）の向上が期待できます。

サプリメントではなく、自然の食物を摂り入れることで、ビタミンなどに加えて食物繊維も摂取できます。

また、複数の食材を組み合わせることは、栄養の強化だけではなく、食材がもつ様々な特徴を味わうことを目的としています。Ｅｎｒｉｃｈ―豊か、Ｓａｆｅｔｙ―安全、Ｈａｐｐｙ―楽しい＝ＥＳＨ！をテーマに、小型鳥から大型鳥まで健康的に楽しめる食事を目指します。

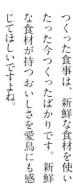

手づくり食を取り入れるうえでの注意

まずはバランスのとれた食事を主食にしていることを前提とし、手づくり食は副食として取り入れてみてください。

基本的に材料はバードフードに使用されている食材をメインにし、ペレットに含まれる栄養素を同時に摂取できる工夫もしていますが、手づくり食を取り入れるうえでの注意点を必ずご確認ください。

❶適切な量は鳥さんの体の大きさや体質に合わせて、飼い主さんのご判断でご調整ください。

食べる量の目安をレシピごとに記していますが、あくまで目安ですので最終的なご判断は飼い主さんが責任をもって行ってください。

食べ過ぎたり体質・体調に合っていないために調子を崩しましても、責任を負いかねることを十分にご理解いただいたうえで実践していただけますようお願い致します。

❷消化管のバランスが崩れている、闘病・投薬中、獣医師監視下のダイエット中、特殊な食性など食事に注意する必要のある個体は、必ず獣医師にご相談のうえご判断ください（獣医師によって見解が異なる場合があります）。

定期的な健康診断を受け、食事に不安がある場合は知識をもった獣医師に日頃からご相談されることをおすすめします。

❸稀に個体の体質により生まれつき食物アレルギーをもっている場合がありますが、レシピを再現したことにより体調不良が生じましても、責任を負いかねますことを十分にご理解いただきますようお願い致します。

❹毎日同じ食材を与え続けることは避けましょう。たとえ栄養価の高い野菜であっても、毎日長期間与え続けることは食事のバランスが偏ります。また、何か食物アレルギーをもっていた場合に、全く食べていない場合と比較し発症させるリスクが上がります。

例えば鳥に与える野菜として定番のコマツナですが、アブラナ科の植物なので与えすぎると甲状腺機能に影響することはあまり知られていないかもしれません。逆に、シュウ酸がカルシウムの吸収を阻害するといわれ敬遠されるホウレンソウですが、たまに微量食べる分には影響はありません。

このように、「何でもほどほどの量」に留めてバランスを保つことが最も重要です。

食事が充実している鳥は羽の艶が良く、おもちゃの破壊が少ない（遊び好きな子に関しては必ずしもそうとは限らないでしょうけれど）という報告もあります。

退屈のストレスが引き起こす毛引きが、食事の充実により緩和されることが期待できる日も近いのではないでしょうか。

前項でも記述した、「加熱したデンプン質を摂取すると、そのうにカビが生える説」については、健康体か否かにかかわらず一切の摂取を否定する獣医師もいますが、昨今では「加熱したデンプン質自体がカビを発生させるのではなく、消化機能の落ちた個体が摂取することにより常在菌であるカンジダの量が増え消化管のバランスが崩れる」という見解が出されています。

消化機能に不安がある個体の場合は、米、イモ、小麦、トウモロコシ、カボチャ、豆などのデンプン質を多く含む食品の摂取について事前に獣医師にご相談ください。

注意する食材

アブラナ科の植物（コマツナ、ブロッコリー、キャベツ）は甲状腺機能を低下させる物質が含まれるため、摂り過ぎには注意が必要です。

くだものの種子は摂取しないように注意が必要です。毒性がある場合があります。

シュウ酸を含む植物（ホウレンソウ、パセリ）はカルシウムの吸収を妨げるといわれますが、ゆでることで7～8割のシュウ酸は抜けることと、鳥が食べる量であれば問題ないとの見解を確認しました。念のため、食べ過ぎには要注意です。

ハーブは薬にもなる効能の強い植物なので、使用する場合はごく少量を香り付け程度に留めた方が安全といえるでしょう。

肉・魚の動物性タンパク質は、積極的に与える必要はないものですが、決して与えていけないものでもないようです。体が小さければ小さいほど栄養価のコントロールが難しいですが、与え過ぎないように注意すれば有効な栄養素を摂取するひとつの手段になり得るともいえそうです（無塩のサケ、加熱した卵の白身、塩抜きしたシラスなど）。

アクの強い植物（ゴボウ、レンコン、シソ科の植物）は避けましょう。

牛乳は乳糖が含まれ、犬猫同様下痢の原因になる場合があります。乳糖を含まないチーズやヨーグルトの方が良いようです。しかし動物性のものなので、決して与え過ぎないように注意が必要です。チーズは無塩、ヨーグルトは無糖のものを選びましょう。

※獣医師により見解が異なる点もあり、あくまで一例として安全を優先しての記述としています。

食材一覧・栄養素

鳥が食べられる食材の一例です。

ペレット

鳥の体に必要な栄養素が含まれます。
粉末ペレット、固形ペレット

コマツナ(乾燥)

パプリカ(乾燥)

パプリカ

スーパーフード

人間の食物としても注目される、栄養価が高く栄養バランスに優れた食材です。

ブロッコリースプラウト、デーツ、キヌア、アマランサス、ビーポーレン、ナッツ類、良質な油（亜麻仁、麻）など

ナッツ類

キヌア

ビーポーレン

ブロッコリースーパースプラウト

くだもの（生果・乾燥）

ドライフルーツは乾燥し糖分が凝縮していますので、摂り過ぎに注意してください。人間用のくだものは品種改良により糖度を上げていますので、野生下の鳥たちが食べているくだものとは性質が異なります。

リンゴ、マンゴー、バナナ、洋ナシ、ブドウ、ミカン、カキ、クリ、アンズなど

リンゴ(乾燥)

ブドウ(乾燥)

ミニトマト(完熟)

ニンジン

野菜

食物繊維を摂取できる食材です。

ニンジン、スプラウト、ピーマン、コマツナ、トマト、パプリカ、ダイコン、カブ、ラディッシュ、ブロッコリー、セロリ、ショウガ、トウミョウ、モヤシ、インゲン、サツマイモ、カイワレ、ミズナ、トウガラシ、カボチャなど

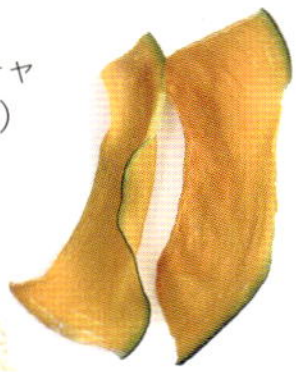

カボチャ
(乾燥)

穀物

良質なタンパク質を含み、
鳥たちにも受け入れやすい食物です。
トウモロコシ（ゆで・粉）、麦（押麦、粉）、雑穀（粟、キビ、ソバなど）、豆（レンズ豆、ヒヨコ豆、キドニー、エンドウ豆、大豆など）、きなこ、おから、米など

ゴマ

ソバ

豆類(加熱済)

その他

シード、チーズ（できれば手づくりで無添加のもの）、ヨーグルト（無糖）、スパイス、野草、ハーブなど

P e l l e t

ここからは、愛鳥のための食事レシピをご紹介します。
まずは主食となるペレットを使ったレシピから。
ペレットを手づくり食に取り入れることで、欠けている栄養素を補うことができます。
ペレットが苦手な個体にとっては、手づくり食を通して、
ペレットの風味や形に慣れてもらうことができます。
ペレットだとわからないよう他の食材に混ぜ込んだレシピもありますので、
ぜひトライしてみてください。固形タイプも水分量の調整でソフトになり、
食べやすい形状にアレンジすることが可能です。
粉末状のペレットのアイデアレシピもご紹介します。

ペレットを使ったレシピ

粉末ペレット

ペレットを粉末状にしてみましょう！
粉末ペレットで手づくりごはんが自由自在に。

材料

ペレット ………… 適量

つくり方

1 ペレットをすり鉢に入れる。

2 半分ほど砕いた状態。バードブレッドなど、食感を残して混ぜる場合はこの程度で使用してもよい。

3 細かく粉になった状態。お湯でのばせば、食欲のない時の応急食にもなる。

ペレットは必ずしも固形である必要はありません。粉末状にすることでグンと食の幅が広がります。このレシピ本では粉末状のペレットを多用します。

また、粉末ペレットをお湯でのばせば食べる気力がない時の応急食としてもサポートしてくれます（108ページ参照）。

少量であればすり鉢とすりこぎで簡単につぶれます。ラウディブッシュ社やラフィーバー社というメーカーのペレットが比較的つぶしやすい硬さです。

また、アメリカのハリソン社（Harrison's Bird Foods）というメーカーからはすでに粉末状になったペレット（マッシュ）が販売されています。日本でも手に入りやすくなりました。

ヒナ用のお湯で溶く粉末フードは特に高い栄養を必要とするヒナのために栄養素が構成されていますので、成鳥の常食には向きません。長期間食べ続けると肥満や疾病の原因となる可能性があります。ハリソン社のマッシュとは性質が異なりますのでご注意ください。

MARCHE

ペレットボール

ペレットを丸めただけですが、ほんの少しのアレンジが変化と刺激をもたらします。おだんごのまわりにシードやナッツなどをまぶすと受け入れやすいでしょう。お気に入りの食材を中心に隠してあげると楽しみが広がります。固形ペレットが苦手な鳥さんにペレットを口にしてもらう１つの選択肢として試してみてください。

材料

粉末ペレット ……… 適量
人肌に温めたお湯 ……… 適量

つくり方

1 粉末ペレットにお湯を少量混ぜる。粘度は丸くまとまる程度に。

2 ボール状に丸める。お好みでナッツなどをトッピングする。

ペレットのおかゆ すりおろし野菜がけ

味は固形のペレットと変わりませんが、形状に変化をつけることで、いつもと違う食事になります。少し粘度をつけると食べごたえがあります。くちばしが汚れることを嫌がる鳥さんは、硬めの方が食べやすく、体力が低下しているなど、消化に負担をかけたくない時はゆるめにつくってあげます。

材料

粉末ペレット ………… 適量
人肌に温めたお湯 ………… 適量

つくり方

1 ペレットにお湯を注ぐ。固形のペレットを使う場合は、少し時間をおいてふやかしてからつぶす。

2 すりおろしたニンジンをのせる。

＊ トッピングはニンジンやパプリカなど、甘くくせの少ない野菜がおすすめ。刻んだナッツなどをのせても。その場合、ナッツの与え過ぎに注意。

＊ 与える量の目安は、お湯を加える前のペレットの量を体重の5%程度とする。

＊ 1時間以内に片付け、ケージ内に入れっぱなしにしない。真夏は特に注意。

ペレット on トマト

トマトのフレッシュな甘さと一緒にペレットを。
リコピンたっぷり、爽やかな一品です。

材料

ミニトマト ……… 適量
ペレット ……… 適量

つくり方

1　トマトは半分に切って種子を取り除き、くぼみにペレットを詰める。刻んでペレットと和えて食べやすくしてもよい。

＊ 与える量は、1日の食事量の2割以内。
＊ 青いトマトは不可。

ソイシリアルバー

グルテンフリーの大豆粉を使い、香ばしく焼きあげます。ペレットを抜いてはちみつを加えれば、飼い主さんもおいしく食べられます。

材料（約10本分）

大豆粉 ………… 大さじ6
レーズン ………… 5g以内
ナッツ ………… 5g以内
雑穀 ………… 10g
水 ………… 大さじ1～2

つくり方

1　材料を合わせる。

2　ボールで混ぜたら、手のひらですり合わせながら、棒状に形を整える。

3　クッキングシートを敷いた天板に並べ、160℃のオーブンで20分焼く。

＊与える分量の目安は、全体の食事量の1割以内。

ペレットバードブレッド

ペレットをたっぷり入れるブレッド。シードや他のペレットから切り替える際のお助けアイテムとして、またトレーニングのごほうびなど様々なシーンで活用できます。小さい鳥さんには、砕いてあげると怖がらず、食べやすいでしょう。

材料（冷凍保存向け）

粉末ペレット……60g
コーンミール……25g
全粒粉……16g
キヌア……15g
アマランサス……12g
ソバの実……9g
アーモンド……8g
ゴマ……8g
きなこ……8g
ココナッツ……8g
水……60cc
卵……1/2～1個

つくり方

1 材料を全て混ぜ合わせる。硬さは、スプーンで軽く押すとしっとりつぶれる程度に。

2 ケーキ型に隙間ができないように詰め、160℃のオーブンで35分焼く。

3 中心部がねっとりしなくなったら焼きあがり。

4 オーブンから取り出し、網の上などで冷ます。

5 完全に冷めたら切り分けてラップで包み冷凍保存する。

＊ ケーキ型がない場合は、クッキングシートにのせ両手でギュッとまとめる。

＊ トースターで焼く場合は、アルミホイルに薄めに広げ、両手でギュッとまとめます。

＊ トースターは機種により火力が異なるため、焦げないように様子を見ながら20～30分焼く。

＊ 保存期間の目安は、冷蔵で1週間、冷凍で2ヵ月。

＊ 解凍後は必ず冷蔵保存し、食べる分のみ電子レンジで温める。

ペレットクッキー

最もシンプルな食材でつくったクッキー。
手でしっかりこねるとまとまりやすくなります。
Sunny Kitchenの“愛鳥のための料理教室”では、
皆さん楽しんでつくられるメニューです。

材料（約10個分）

粉末ペレット ………… 30g
ニンジン ………… 20g
（ニンジンは水分量により適宜調整）

つくり方

1 ニンジンをすりおろし、水気を切らずに粉末ペレットに加える。

2 手でよく混ぜ合わせる。

3 形を整えて、天板に並べる。厚みがあると中まで火が通りにくい。しっとりしていると日持ちしにくくなるので、薄くする。

4 160℃に温めたオーブンで20～30分焼く。

＊お好みでペレットやナッツ、シードなどをトッピングしても。ドライフルーツは焦げやすいので注意。

ペレット切り替え術

ペレットを食べてほしいけれど、なかなか口をつけてくれないとお悩みの飼い主さんも多いと思います。ペレットを絶対的に完璧なものとは捉えていませんが、いつ疾病による食事コントロールが必要になるかわからないリスクを考えると、元気なうちに食べられるようになっておくに越したことはありません。

特に工夫をしなくてもすんなり切り替わる個体もいれば、非常に時間がかかる個体もいます。それぞれ好みが異なりかかる時間も様々ですので、これをしたらすぐに切り替わるという方法はありませんが、いくつか試してみていただきたいコツをご紹介します。

まずは心構えとして、大きなポイントが2つあります。

・焦らないこと

・頑張るのは鳥さんではなく飼い主さん。鳥はとても敏感な生き物です。飼い主さんが焦ったりイライラしているとその感情を感じ取ってしまいます。ペレットの購入費は少しかさんでしまうかもしれませんが、食べ残してしまっても、常に大らかな気持ちで向き合ってみてください。飼い主さんが粘り強く取り組めば、99.9%は切り替わると断言する獣医師もいます。決して愛鳥のストレスにならないように、楽しく向き合ってみてください。

食べ残して余ったら、調理して形状を変えてみましょう。お湯でふやかしたり、細かくしてすりおろした野菜と混ぜてもよいでしょう。他の野鳥たちにシェアするのもひとつです。

切り替え方のコツ

❶口に入れたら、その瞬間に大げさに褒めてあげましょう。

❷人がペレットを美味しそうに食べるふりを見せると鳥もペレットに興味を持ちます（オーバーアクション気

最初はベビーフードを多めにし、数粒小さいペレットを入れる。

ベビーフードよりもペレットを多めにする。

ほとんどペレットにして、ベビーフードはトッピング程度に。

味にやりましょう）。

❸お腹の空いている朝一番の食事をペレットのみにします。運動量を増やしお腹を空かせてからですとより効果的です。

❹日中ごはん入れに入れる食事をペレットのみにします。ペレットは1種類ではなく、3種類程度混ぜます。あまり食べていないようであれば普段食べているものを夜に補填し、体重の減少を防ぎます（食べている量と体重をこまめにチェック）。

❺複数で鳥を飼っていて、ペレットを食べる子がいる場合は、その食べている姿を見せてあげると「おいしいものかも？」と興味をもち、食べ始めることもあるようです。

❻ハリソン社が推奨している方法ですが、細かくくずしたバードブレッドとペレットをキッチンペーパーなどに撒き、フォレイジングさせるのも効果的です。

ベビーフードからペレットへの切りかえの場合は、お湯で溶いたベビーフードに固形ペレットを混ぜ、少しずつ割合を変えていきます。

食べた瞬間、大げさに褒めてあげると、鳥はごきげんになりペレット食が進む。

運動量を増やしお腹を空かせる。

細かくくずしたバードブレッドとペレットを撒き、フォレイジングさせてみるのも効果的。

ペレットは バリエーションを豊かに、数種類混ぜてあげる。食べ慣れたものが突然入手できなくなる可能性もあるので、食べられる種類を多くしておく。

Grain

穀物を使ったレシピ

体をつくり、元気の源となるタンパク質の摂取源です。
ミネラル、食物繊維、ビタミンB群も含みます。
特に栄養バランスに優れ、スーパーフードと位置づけされるキヌアには、
必須アミノ酸が含まれ、ドッグフードやバードフードにも取り入れられ始めています。
小さな鳥でも食べやすい小さな粒です。
穀物は野生下において多くの鳥種にとって最も馴染みのある食材で、
抵抗なく口にできる個体が多いです。
つぶす、丸める、焼く、ゆでるなど、調理法により様々なアレンジができる食材です。

自家製ポップコーン

ポンポンはじけて、つくるのも楽しいおやつです。
少し多めにつくって味つけすれば人のおやつにも♪
焦げた部分はしっかり取り除いてください。

材料

ポップコーン用のトウモロコシ ……… 適量

つくり方

1 フライパンに適量を入れ、ふたをする。

2 フライパンをゆすりながら加熱する。焦げないよう火加減に注意。

3 ポンポンはじける音がしなくなったら、火から下ろす。

* 油や塩は使用しない。
* 加熱すると増えるので、少なめにつくる。
* 与える量として、小型鳥は1粒の3分の1〜半分程度、中型鳥は1粒の半分〜 1粒、大型鳥は2粒程度。

バナナとクルミのブレッド

芳醇なバナナとクルミのコクに、愛鳥も大喜び。
薄く切ったバナナやクルミをトッピングすると
見た目もかわいくなります。

材料

粉末ペレット……10g
コーンミール……30g
全粒粉……10g
バナナ……15g
クルミ……5g
キヌア……5g

つくり方

1 バナナは細かくカット、もしくはつぶす。

2 材料をすべて混ぜ合わせる。

3 小さめのケーキ型に、隙間ができないように詰め、160℃のオーブンで35分焼く。

4 焼きあがりの目安は、竹串などを刺し、中心部がねっとりしなくなったらOK。

5 オーブンから取り出し、そのまま網の上などで冷ます。

6 すぐに食べる分以外は冷凍保存する。

＊ ケーキ型がない場合は、クッキングシートにのせて両手でまとめる。

＊ トースターで焼く場合は、アルミホイルにのせ薄めに広げ両手でまとめる。トースターは機種により火力が異なるため、焦げないように様子を見ながら20〜30分焼く。

＊ お皿に置くと熱による水滴で生地が傷むため、接地させないように注意。

＊ 完全に冷めたら切り分けてラップで包み、冷凍保存。保存の目安は、冷蔵で５日、冷凍で２ヵ月。

＊ 与える目安は、全体の食事量の２割以内。

Sunny Kitchen オリジナル バードブレッド

Sunny Kitchen オリジナルバードブレッドの蔵出しレシピです。スーパーフードや日本ならではの食材を取り入れています。お好みでペレット、野菜、くだものなどを加えて焼いてもよいでしょう。

（材料とつくり方は54ページ参照）

材料（冷凍保存向け）

コーンミール ………… 50g
全粒粉 ………… 15g
キヌア ………… 10g
乾燥リンゴ ………… 10g
アマランサス ………… 8g
ソバの実 ………… 6g
ゴマ ………… 5g
アーモンド ………… 5g
ココナッツフレーク ………… 5g
きなこ ………… 5g
昆布の粉 ………… 2g
卵 ………… 3分の1個
水 ………… 40cc
その他お好みの食材

つくり方

1 リンゴとアーモンドを好みの大きさにカットする。

2 材料をボウルに入れ、割ったばかりの卵と水をよく混ぜ合わせる。洗った卵の殻を細かく砕いて一緒に加えてもよい（割ってから時間の経った卵は使用しない）。

3 クッキングシートを敷いたケーキ型に、隙間を埋めるように生地を少しずつならしながら入れる。目安は高さ4cm位。

4 160℃に温めたオーブンで35分焼く。中心部にベタッとしたところがなければOK。

5 オーブンから取り出してすぐに切り分け、網の上などで冷ます。

6 完全に冷めたらラップで包み冷凍保存する。

＊ お皿に置くと熱による水滴で生地が傷むため、接地させないように注意。
＊ 与える量の目安は、全体の食事量の２割以内。
＊ 保存期間の目安は冷蔵で１週間、冷凍で２ヵ月。
＊ 解凍後は必ず冷蔵保存し、食べる分のみ電子レンジで温める。

Sunny Kitchen オリジナルバードブレッドができるまで・・・

私は子供の頃、信州の田舎でセキセイインコやコザクラインコを飼っていました。当時は、鳥の専門店などは近所になかったので、鳥を購入するお店といえばもっぱらホームセンター。もちろん飼料はシードしか買ったことがありませんでしたし、ペレットという存在すら知りませんでした。

その後成人して上京し、小型のコンゴウインコを鳥の専門店からお迎えしました。専門店ではペレットをすすめられました。ペレットには色々な種類があることを知り、製品ごとに比較したり、日本では手に入らない製品を個人輸入するようになりました。その時、もしかすると自分と同じように様々なフードを少量ずつ試したいと思っている飼い主さんがいるはず、と思いSunny Kitchenを立ち上げました。

おかげさまでバードフードに関心の高い愛鳥家さんからご支持をいただいたのですが、食の安全性について考えるにつれ「本当に安心して与えられる食事とは何なのか」と考えるようになり、愛鳥の健康と食事により深く向き合おうと、一旦通販を休止しました。

具体的なアイデアが浮かぶまで、漠然とイメージを巡らせていました。そんなある日、我が家で重宝していた海外のバードブレッドが目に留まりました。その瞬間、これを日本向けにオリジナル開発しよう！と決意したのです。

オリジナルブレッドは、日本ならではの食材を採用し、サックリ、ほんわか、香ばしく、どんな鳥でもついばめばくずせる食感になるよう試行錯誤し、完成したのがSunny Kitchenオリジナルバードブレッドです。

バードブレッドは様々な使い方があります。

・副食として楽しい食事のサポートに
・お好みの食材を加え自由自在にアレンジ可能
・細かくくずしてトレーニングのごほうびに
・ごはん入れに散らばせフォレイジングの一環に
・食欲がない時の応急食
・必要な量を冷凍できる保存食
・苦手な薬やサプリメントを紛らわせるお助けアイテムとして活躍

実際にオリジナルバードブレッドをつくってくださった愛鳥家さんから、闘病中で食が細くなっていたコザクラインコがバードブレッドに興味を示し、久しぶりに自ら食べてくれた、との声を聞けました。

バードブレッドは、鳥にとって楽しみなごはんだけでなく、ペレットのおかゆと混ぜたり、すりおろしたニンジンと和えることで、応急食にもなるのです。いざという時のためにストックしておくのもおすすめです。

食材をすべて揃えるのが大変という場合は、Sunny Kitchenのバードブレッドミックス（焼くための素）をお試しください。詳しくは、ウェブサイト（128ページ）をご覧ください。

キヌアと雑穀のサラダ

栄養価の高いキヌアと雑穀を使ったヘルシーなサラダです。プチプチとした食感を楽しみながら食べられるレシピです。

材料

キヌア ………… 適量
雑穀（粟、ヒエ、キビ、ソバの実、
　アマランサスなど）………… 適量

つくり方

1 材料を小鍋に入れ、適量の水（ヒタヒタより少し上くらい）を加え、10〜15分ほど煮る（水分が多く残った場合は軽く水気を切る）。

2 冷ましてから、お好みの葉野菜を添える。

＊与える量の目安は、全体の食事量の2割以内。

キヌアは南米アンデス山脈の高地において、数千年前より食べられてきた雑穀です。マグネシウムやリン、鉄分などミネラルやビタミンB群を多く含み、ヨーロッパを中心に健康食品として注目されています。

材料

コーンミール ……… 20g
ニンジン（すりおろしたもの）
……… 20g
キヌア ……… 5g
アマランサス ……… 5g
ソバの実 ……… 5g
粟穂（実をくずす）……… 3g
その他、ヒエやキビでもOK

つくり方

1 材料をボウルに入れ、手でしっかり混ぜ合わせる。
2 クッキングシートを敷いた天板にパラパラと広げる。
丸める場合は、適当な大きさにまとめる。
3 160℃に温めたオーブンで15〜20分焼く。

＊与える量の目安は、全体の食事量の１割以内。

ホロホロタイプの雑穀クッキー

鳥さんはホロッとくずれる食感が大好きです。そのまま与えてもいいですが、くずしてごはん入れに散らしてみてください。きっと探すことを楽しんでくれます。

サクサククッキー２種

野菜と穀物だけでサクサクに焼きあげた、軽い食感のクッキーです。小動物用のクッキーは硬くなりがちなのが難点でしたが、硬い食感が苦手な鳥さんのためにサクサクの食感を目指してつくりました。レシピは２種類ご用意しました。ナッツ＆ココナッツとゴマ＆きなこです。愛鳥はどちらの風味が好きでしょうか。

材料

●ナッツ＆ココナッツ

コーンミール ……… 20g
ニンジン（すりおろしたもの）……… 20g
キヌア ……… 10g
ココナッツフレーク ……… 5g
アーモンドプードル ……… 5g

●ゴマ＆きなこ

コーンミール ……… 20g
ニンジン（すりおろしたもの）……… 20g
キヌア ……… 10g
きなこ ……… 5g
ゴマ（いりゴマでもすりゴマでも）……… 5g

つくり方

1 材料をボウルに入れ、手でしっかり混ぜ合わせる。
2 ほろほろして形にしづらくても、ギュッとしっかり固める。
3 クッキングシートを敷いた天板に並べ、160℃に温めたオーブンで25分焼く。割ってみて、中までサクッと火が通っていればできあがり。

＊丸める時間がない時や、小さい子用にくずして与える場合は、丸めずに焼いてもよい。
＊与える目安は、全体の食事量の１割以内。

バードフードの保存方法

バードフードの保存は、人間の食品と同様、高温多湿を避け、濡れた手やスプーンを使用しないように注意します。

冷凍保存した食材は解凍する際の温度差で結露が生じ傷みの原因になる可能性があります。食べる分だけをキッチンペーパーにのせて吸水させながら、冷凍→冷蔵→常温の順で解凍します。

袋ごと冷凍・冷蔵した製品や、ラップに包んだ状態で冷凍・冷蔵した食材を、そのまま常温に放置することは避けましょう。温度差による結露で食品に水分がつき、そのまま菌が繁殖する恐れがあります。特に夏場は注意です。

水分量の多い手づくり食は、必ず冷蔵保存をし5日以内に食べきってください。冷凍すれば2ヵ月はもちます。食べる分だけレンジで温めてください（熱いまま与えないよう注意）。

賞味期限と消費期限

賞味期限の定義は「期限を超えた場合であっても、これらの品質が保持されているものとする」とあり、直ちに衛生上の危害が発生する可能性は極めて低いものとされています。

キッチンペーパーなどで吸水しながら解凍する。

小分けにしてボトルに詰めておけば、
忙しい朝でも手早く支度できる。

輸入品のパッケージが破損している場合は、ジッパー付きの保存袋に入れ替える。

平常の環境で保管された製品であれば、賞味期限を数日過ぎても著しい劣化はしません。

しかし開封後は酸化が進みますので、既製品のペレットはなるべく早い期間で食べ切りましょう（開封後2ヵ月以内が目安）。

賞味期限は、未開封で品質が保たれる期限であり、開封後も品質を保つ期限ではありません。

ちなみに賞味期限はかなり長く安全係数をとって設定されています。○月までとしか表示されていない製品があるのはそのためです。それに対して消費期限は、品質劣化しやすい製品をその時までに消費すべきと示した期限ですので、○時までと細かく表示されていることもあります。

ペレットの保存

ハリソン社のペレットは保存料を使用しない代わりに製品の袋にこだわり、完全に遮光する素材を採用しています。酸化を最小限に留めるために、説明書きには「開封後は極力空気を抜いてジッパーで密封すること」と記されています。

メーカーによっては輸入代理店が日本の気候に適したパッケージにリパックして卸しています。できれば少量ずつ買い求め自宅での保存期間を短くすることをおすすめします。または、リパックしていない輸入版の製品を買い求めるのもよいでしょう。

メーカーに限らず、海外製品はジッパー部分の噛み合わせが悪いものが存在しますのでご注意ください。人間の食品に関してもいえることですが、日本製の包材の方がつくりが安定していて機能性も優れています。スライドするだけで簡単に開け閉めができる保存バッグがおすすめです。もしくは、あらかじめ小瓶に移しておくと、忙しい朝でもパパッと食事の準備ができます。

ラウディブッシュ社のペレット（輸入版）。

ハリソン社のパッケージは遮光素材が使われており、袋のまま保存することを推奨している。

我が家の鳥ごはん　1週間

我が家には、コミドリコンゴウインコ（ジェリー・ボン・ボヌール）とヒメコンゴウインコ（サニーいもこ）がいます。2羽とも、好き嫌いなく何でも食べる、というわけではありません。だからこそ毎日の食事は、好きなものも苦手なものも混ぜて与えるようにしています。

ポイントとしていることは、優先順位をつけて選ぶことができる内容かどうかです。

様々な食材を散りばめると、日によって一番最初に口をつける食材が変わります。ヒール（嫌われ役）として、青臭さのあるペレットや硬くて砕きにくいペレットを入れたりもします。たいていは食べずにポイッと捨てられてしまうのですが、ある日ふとポリポリ口にしていたりすることもあり、それもまた面白いものです。

嫌いなものはポイポイ捨ててしまいますが、ある日突然食べ始めることもあります。選んで食べる楽しみを味わってもらいましょう。

日曜日

粉末ペレット、固形ペレット2種、自家製野菜ふりかけ、クルミ、ドライアップル、ゴールデンベリー、フリーズドライ納豆、ぽんせんべい。ゴールデンベリーとは、ほおずきのことです。珍しいドライフルーツですが、オーガニック製品の通販などで手に入れることができます。ぽんせんべいは最後のひとかけらまで大事に持って食べます。

月曜日

固形ペレット4種、自家製野菜ふりかけ、シード、ピスタチオ、ココナッツ、野草、プルーン、マンゴーをミックス。ピスタチオは殻がおもちゃになります。無塩の製品が少ないので、有塩のものを誤って与えないように注意します。我が家では、小型鳥向けの野草は、ほとんど見向きもされない運命です。

火曜日

固形ペレット3種、自家製野菜ふりかけ、シード、クルミ、デーツ、ブルーベリー、ビーポーレン、フリーズドライ納豆。フリーズドライ納豆は、栄養そのままにサクサク食べられるので、栄養補助的なアイテムとしてたまに与えています(生きた納豆をネバネバしながら食べるのも好きです)。

金曜日

粉末ペレット、固形ペレット2種、自家製野菜ふりかけ、シード、アーモンド、デーツ、ドライバナナ、ビーポーレン、バードブレッド。 バードブレッドが細かく散らばっていると、食事への関心度が高まるように感じます。デーツは水に浸けて、口の中でデーツジュースをつくりながらその甘みを楽しみます。

木曜日

粉末ペレット、固形ペレット2種、自家製野菜ふりかけ、シード、カシューナッツ、ドライアップル、レーズン、野草、手づくりクッキー。手づくりクッキーは細かく砕いて散らばらせたり、丸型のまま与えることもあります。ホロホロくずれる食感が楽しいようです。苦労して丸めたクッキーを大きな塊のまま下に落とされると、ちょっぴり切ない飼い主心です。

水曜日

固形ペレット3種、自家製野菜ふりかけ、シード、カボチャの種、クコの実、ドライバナナ、野草、手づくりクッキー、バードブレッド。 クコの実はゴジベリーとも呼ばれ、栄養価の高いスーパーフードとして注目されています。食べた直後はうんちが赤くなり、飼い主はギョッとします。

土曜日

固形ペレット3種、自家製野菜ふりかけ、シード、マツの実、ドライバナナ、マルベリー、バードブレッド、ぽんせんべい。マルベリーとは乾燥させたクワの実のことです。時折珍しい食材を加えてみることも刺激になります。バナナは生のものを食べることもありますが、ドライタイプは、日中、ごはん入れに入れたままにできるので重宝します。

手づくり食を与えるタイミング

我が家では、ウェットタイプの手づくり食を夜に与えます。ウェットな食事はケージに入れっぱなしにせず、夜の掃除と共に片付けます。ペレットの食べ残しが目立つ日は、夜食に粉末のペレットを混ぜるなど手づくりならではの工夫ができます。毎日与えるわけではありませんが、夜食を与える日は、日中のドライな食事は少なめに配合します。

バードブレッドと
ニンジン和え

ビーポーレン
ヨーグルト

野菜を使ったレシピ

野菜は、鳥の体に欠かせない重要な栄養素である
ビタミンと食物繊維を摂取できます。
加熱することでえぐみを減らしたり柔らかくなるので、
野菜が苦手な鳥さんも食べられるようになるかもしれません。
野菜は刻んで与えることが多いと思いますが、
すりおろすことで与え方の幅が広がり、他の食材とも馴染みやすくおすすめです。
ぜひお試しください。

Vegetables

ルクル回るおもちゃに変身します。
太くカットしたものは割り箸に刺して、かじり棒にできます。かじって遊ぶだけでも成分が口に入るので、とてもヘルシーなおもちゃとして一石二鳥でしょう。

すりおろしは活用の幅が広い提供の方法です。詳しくは、70～71ページでご紹介します。色々試して、愛鳥の好きな形を探してみてください。

野菜のカットいろいろ

鳥に与えやすい野菜の代表として、ニンジンの様々なカット方法をご紹介します。鳥には好きな形、苦手な形がありますが、ぜひあらゆる形の野菜に触れさせてみてください。

細かくカットをすれば食べやすくなります。ピーラーで薄くスライスしたものをクリップなどで留めてケージ内に垂らしたり、丸型の薄切りの中心にキリで穴を開け数枚を麻ひもで通せば、ク

リンゴ

甘みがあり、好まれやすい食材です。クセのある野菜と合わせると食べやすくなります。

グリーンピース

ビタミンや食物繊維などを豊富に含み、他の豆類同様栄養価が高い食物です。エネルギーが高いので食べ過ぎには要注意です。

ピーマン

パプリカ同様、含まれるビタミンは熱に強く、免疫力向上、抗酸化作用などが期待されます。

だけで口に入れることができます。
そのままはもちろん、粉末ペレットと混ぜたり、ゆでた雑穀と和えると、一度に幅広い栄養素を摂取することができます。
すりおろす際は手のひらサイズの小さなおろし器を使用すると、忙しい時でもサッとすりおろせて洗い物もかさばりません。おろし器ですりおろしにくい野菜は、すり鉢とすりこぎを使うとうまくペースト状になります。

ブロッコリースプラウト

ファイトケミカルの一種「スルフォラファン」が含まれ、抗酸化作用、解毒作用、肝機能向上などの働きが期待されます。 ブロッコリースーパースプラウトは通常のスプラウトの20倍のスルフォラファンが含まれ、食品スーパーでは根強い人気を誇る食材です。

トマト

トマトの赤色にはリコピンが豊富に含まれ、抗酸化作用があります。最近では加熱用も含め、国内外の様々な品種を購入できます。甘みと酸味のバランスや皮や果肉の硬さなど、お好みの品種を探してみてください（青いトマトは不可）。

パプリカ

熱に強いビタミン群をはじめ強い抗酸化作用をもつカプサイシンなどを豊富に含むことから、生でも加熱しても栄養価の高さが評価される食材です。

野菜のすりおろし

「愛鳥には野菜をもりもり食べてほしい！」と多くの愛鳥家さんは考えていることでしょう。

しかし、鳥種に限らず「うちの子は筋金入りの野菜嫌いで……」というご相談を受けることがあります。

野菜が苦手な鳥に対して最も有効な与え方はすりおろす方法です。すりおろすことで他の食材と混ぜ合わせやすく、硬いものが苦手な個体でもペロッと舐める

スイートキャロット

ニンジンを柔らかく煮て、食べやすくしたレシピです。ほんのりやさしい味で、ニンジンが苦手な鳥さんも食べられるかもしれません。ビタミンは加熱してもすべて壊れてしまうわけではないので、安心してください。

材料

ニンジン ………… 適宜
水

つくり方

1 お好みの大きさに切ったニンジン、水を鍋に入れて煮る。水はひたひたかぶる程度。

2 煮詰まって焦げないように注意。ニンジンは少し硬さが残っても、くずれるほど柔らかくしてもよい。

* 与える量の目安は、全体の食事量の1～2割以内。

ニンジンのゴマ和え

ニンジンにゴマの風味を加えることで、鳥たちも喜んで食べます。素朴でおいしい、手軽な一品です。

材料

ニンジン ……… 適量
すりゴマ ……… 適量

つくり方

1 ピーラーでニンジンを薄くスライスする。または、ニンジンをすりおろす。

2 ゴマと和える。

＊ 与える量の目安は、全体の食事の２割以内。
＊ ゴマの与えすぎに注意。

具だくさんチョップドサラダ

食材を小さく刻んだ、食べごたえのあるサラダです。

材料

豆（パックや缶詰など加熱済みのもの）
ブロッコリースプラウト
ニンジン
トウモロコシ（缶詰）
豆苗
アマランサス（加熱しておく）

つくり方

1 アマランサス以外の食材を全て細かく刻む。
2 ボウルに刻んだ食材と加熱したアマランサスを入れ混ぜ合わせる。
3 栄養を強化したい場合は食べる直前に亜麻仁油やココナッツオイルなど良質な油を混ぜ合わせる。

＊与える量の目安は、全体の食事量の4割以内。

豆のマメ知識

おなじみのグリーンピースや大豆の他に、ヒヨコ豆、キドニー豆、レンズ豆などもスーパーで見かけるようになりました。乾燥させて売られている豆の多くは数時間浸水させてから煮る必要がありますが、既に加熱調理されパックや缶で売られているものを手づくり食に活用すると手軽です。豆の栄養分は煮汁に溶け出してしまうので、パックに詰められた後に加熱処理された製品が理想的です。

製品を選ぶ際には食塩が添加されていないものを選びましょう。

豆には炭水化物、タンパク質、ビタミン、ミネラルが豊富に含まれ、栄養価の高い食物として私たちの食卓にも馴染みがあります。特筆すべき栄養素としては、食物繊維、サポニン、ポリフェノールが挙げられます。

食物繊維は腸内環境を整え、サポニンとポリフェノールは抗酸化作用をもちます。抗酸化作用とは一言で言うと、細胞を老化させにくい働きのことです。健康ブームの波がやってきてからは、抗酸化作用をもつ栄養素を含む食物が注目されています。また、豆は発芽させた方が栄養価が高まるといわれています。発芽させるには、条件を整える必要がありますので、書籍やインターネットで調べてみてください。

豆はエネルギーの高い食物なので、与え過ぎには注意し、なるべく細かく刻むなどして調整しながら与えましょう。エダマメをゆでてそのまま与える飼い主さんが多いようですが、代謝の低い個体や肥満に注意する必要のある個体には、適量を守りましょう。

材料

コーンミール……… 50g
粉末ペレット……… 10g
全粒粉……… 10g
ニンジン（すりおろし）……… 20g
ショウガ（すりおろし）……… 3g
キヌア……… 10g
アマランサス……… 5g
レーズン……… 5g
ココナッツフレーク……… 5g
アーモンド……… 3g
ゴマ……… 3g
きなこ……… 3g
セイロンシナモン……… 適宜
水……… 40cc

キャロットジンジャーブレッド

ニンジンの甘さとショウガのピリッとした風味がきいたブレッドです。他のブレッドに比べ、しっとりしているタイプなので、常温保存には向きません。必ず冷蔵、または冷凍保存を。

つくり方

1 レーズンとアーモンドを好みの大きさにカットする。

2 材料をしっかり混ぜ合わせる。

3 クッキングシートを敷いたケーキ型や紙のケーキ型などに入れ、しっかり固めながら隙間ができないように詰める。高さは4cm位が目安。

4 170℃に温めたオーブンで40分焼く。

5 中心部にねっとりした箇所がなく火が通っていれば焼きあがり。

6 オーブンから取り出し、そのまま網の上などで冷ます。

＊ ケーキ型がない場合は、クッキングシートにのせて両手でしっかりまとめる。
＊ トースター機能で焼く場合は、アルミホイルにのせ薄めに広げ両手でしっかりとまとめる。
＊ トースターは機種により火力が異なるので、焦げないように様子を見ながら20〜30分焼く。
＊ お皿に置くと熱による水滴で生地が傷むため、接地させないように冷ます。
＊ 完全に冷めたら切り分けてラップで包み冷凍保存する。
＊ 与える量の目安は、全体の食事の2割以内。
＊ 保存期間の目安は、冷蔵5日、冷凍2ヵ月。
＊ 解凍後は必ず冷蔵保存し、食べる分のみ電子レンジで温める。

野菜の和風煮

ほんのり昆布のうまみをきかせた和風の煮物です。
どうやら鳥にも出汁のうまみがわかるのでは？
との声をもとにレシピの仲間入りをしました。

材料

昆布で引いた出汁
（昆布の粉でもOK、ただし塩分無添加のものを使う）
ニンジン ……… 適量
ダイコン ……… 適量
大豆（パックや缶詰）……… 適量
豆苗 ……… 適量
水 ……… 適量

つくり方

1 ニンジンとダイコンを好みの大きさ、形に切る。四角でも細長くても、ピーラーで薄くしてもよい。

2 トウミョウ以外の材料を小鍋に入れ、好みの硬さに煮る。

3 仕上がり直前にトウミョウを加え、サッと煮汁にくぐらせる。

＊ 与える量の目安は、全体の食事量の2割以内。

バードブレッドとニンジン和え

生野菜が苦手な鳥さんのための、野菜嫌い克服応援メニューです。バードブレッドと混ぜることで、野菜が食べやすくなります。

材料

バードブレッド ……… 適量
ニンジン ……… 適量

つくり方

1 バードブレッドを細かくくずし、すりおろしたニンジンと和える。

2 温かい食事が好みであれば、ほんの少し電子レンジで温めてもよい（熱くしすぎないように注意）。

＊与える量の目安は、バードブレッドは全体の食事量の2割以内とし、同量のニンジンと和える。

コマツナのマツの実和え

スーパーフードの一員として名を連ねるマツの実。油分が多いコクのある食物は、さっぱりとした野菜と和えると好相性です。マツの実は与え過ぎないように注意しましょう。

材料

コマツナ……適量
マツの実……適量

つくり方

1 コマツナを軽く湯がき水気をきり、好みの大きさに切る。
2 細かく刻んだマツの実と和える。

＊与える量の目安は、全体の食事量の2割。

ラタトゥイユ風 野菜煮込み

代表的な夏野菜を使い、フランス・プロヴァンス地方発祥のラタトゥイユ風に仕立てます。タマネギとナスをオリーブオイルで炒めて加え塩で味付ければ、飼い主さんが食べるための本物のラタトゥイユができます（鳥にはタマネギを与えてはいけません）。

材料

カットトマト（パックや缶詰のあらごしタイプがよい）……… 適量
ズッキーニ ……… 適量
ピーマン ……… 適量
ペレット ……… 適量

つくり方

1 材料をお好みの大きさに切り、ペレット以外の材料を小鍋で10分ほど煮る。
2 火を止め、粗熱をとったら、ペレット(粉末でも固形でも)を混ぜ込む。粉末はとろみづけに、固形のペレットは柔らかくなり、食べやすくなる。

＊与える量の目安は、全体の食事量の2割。

かくれんぼサラダ

ペレットやシードなどの食材を葉っぱの下にしのばせて、探すのが楽しくなるサラダです。好きなものをしのばせてあげてください。鳥さんに長い時間楽しんでもらうためには、なるべく食材を細かく刻みましょう。

材料

ベビーリーフやブロッコリースプラウトなどの葉野菜 ……… 適量
シード ……… 適量
ペレット ……… 適量
ゴマや刻んだナッツ ……… 適量

つくり方

1　ベビーリーフとブロッコリースプラウトをふんわりと盛り付け、中にそれ以外の食材を散りばめる。

＊ 与える量の目安は、野菜をあまり口にしない場合は、全体の食事量の2割以内。野菜も食べる場合は、全体の食事量の3〜4割。

3種の野菜ポタージュ

ほっこりやさしい野菜100％のポタージュ風です。
野菜嫌いの鳥さんでも、食べやすい野菜のうまみがつまっています。

材料

●赤のポタージュ

トマト………適量
ニンジン………適量
オレンジパプリカ………適量

●黄のポタージュ

カボチャパウダー………適量
イエローパプリカ………適量

●緑のポタージュ

ブロッコリースプラウト………適量
グリーンピース………適量

つくり方（3種共通）

1 材料をすりつぶし、好みの割合で混ぜる。
2 野菜の水分量を見ながら、少し水を加えゆるめる。
3 軽くラップをかけ、500Wの電子レンジで30〜60秒加熱する。
4 ほんのり温かさを感じる位まで冷ましてから与える。

＊与える量の目安は、全体の食事量の2〜3割以内。

BIRD

チリコンカン風
スパイシービーン

トマトをベースに豆と野菜を煮た、鮮やかな洋風の煮物です。スパイスを少しきかせて元気が出そうな味わいです。炒めたタマネギと挽肉、塩を加えれば人間もおいしく食べられるチリコンカンになります（鳥にはタマネギを与えてはいけません）。

材料

レッドキドニーなどの豆（パックや缶詰の加熱済みのもの）……… 適量
カットトマト（パックや缶詰のあらごしタイプ）……… 適量
ピーマン……… 適量
コーン（パックや缶詰の加熱済みのもの）……… 適量
クミンシード……… 適量
鷹の爪（トウガラシ）……… 適量
パプリカパウダー……… 適量

つくり方

1 材料を好みの大きさに切る。

2 トウガラシはひとかけらでよい。

3 小鍋に材料を入れて10分程度煮る。

* 鳥の味覚は辛みを感じず一般的なバードフードにもトウガラシが使用されている。
* クミンシードはホールでもパウダーでも可。カレー粉（塩や油脂を含むカレールーではなく粉末スパイスのみが調合されたもの）で代用してもよい。
* 与える量の目安は、全体の食事量の2割以内。

手づくり乾燥野菜

生野菜が苦手な鳥さんや忙しい飼い主さんにおすすめの保存ができる乾燥野菜です。オーブンを使い短時間でできる方法をご紹介します。あまり水分が多くない野菜やくだものを選び、薄く切り、しっかり乾燥させることが日持ちさせるポイントです。小さな鳥さんには細かくカットしてあげてください。大きな鳥さんには大きめにつくってあげると鳥自身が水に浸けて食感の変化を楽しむことができます。生野菜が苦手な子が乾燥野菜によって野菜嫌いを克服した事例もあります。

（材料とつくり方は90ページを参照）

材料の一例

ミニトマト
（ミニトマト以外のトマトは水分が多く向きません）
コマツナ
トウモロコシ
ニンジン
カボチャ
リンゴ

つくり方

1 野菜を下処理する。いずれも1mm以下の薄さがしっかり乾燥でき理想的。
ミニトマト……種子を取り除きごく薄く切り、キッチンペーパーでしっかり水分を拭き取る。

コマツナ……葉を適度な大きさにちぎる。

トウモロコシ……実をはずす。加熱すると縮むため、1粒ずつばらさなくてもよい。

ニンジン……ピーラーで薄く切る。

カボチャ……ごく薄く切る。

リンゴ……種子を除きごく薄く切る。

パプリカ……種子を除きピーラーでごく薄く切る。

2 クッキングシートを敷いた天板に重ならないように並べる。

3 160℃に温めたオーブンに入れ、15〜20分加熱して表面の水分を飛ばす。コマツナはこの段階でかなりパリっとしている。乾燥が足りなければそのまま4へ。

4 次に100℃位に温度を下げて、40〜60分じっくり乾燥させる。焦げないよう、10分ごとに様子を見る。

5 手で触れてみて、サラサラでカラッとして水分の残りを感じなければ完成（やけどに注意）。

6 常温で保存する場合は、食品用乾燥剤と共に保管する。基本は冷蔵庫での保存がおすすめ。

* オーブンの機種や食材の性質により仕上がりに違いがある。焦げ付かないように様子をみながら調整する。
* しっかり水分が抜けていれば乾燥した季節は常温で数週間もつが、基本的には冷蔵保存する。
* 与える量の目安は、全体の食事の3割以内。

乾燥野菜でつくるふりかけ

乾燥野菜をカットして様々な食材とブレンドしておくと、忙しい朝でもパラっとふりかけるだけで食事を彩ることができます。ブレンドの組み合わせは無限大。自由自在にアレンジしてみてください。

ブレンドする食材の例

乾燥野菜
粉末ペレット
固形ペレット
シード
雑穀（粟、ヒエ、キビ、ソバ、アマランサス、キヌアなど）
ゴマ
ナッツ
ドライフルーツ
自家製ポップコーン（48ページ）
※乾燥している食材を選んでください。

つくり方

1 乾燥野菜を鳥さんの大きさに合わせてカットする。

2 乾燥野菜以外の食材と混ぜる。好きな食材はもちろん、あえてあまり興味のない食材もブレンドすると、鳥自身が好き嫌いを選べて楽しい。

＊お湯を加えてしっとりごはんにしてもよい。

＊与える量の目安は、使用したメインの食材がペレットの場合、ペレット部分をしっかり食べているようであれば1日の食事量の半量ほど与えてもよい。ペレットの割合が少ない場合は、ほんのひとさじ通常の食事にふりかける。

愛鳥の食に関する お悩みQ&A

Sunny Kitchenの勉強会や料理教室などで、
愛鳥家さんたちから食に関する様々な質問を受けることがよくあります。よくある質問とその解決方法をご紹介します。

Q1 野菜嫌いで悩んでいます。コマツナなどの野菜を食べてほしいのですが、どうすればいいですか？

A1 野菜嫌いの個体に、えぐみの強いコマツナを食べてもらうことは難関でしょう。我が家のコンゴウインコたちも野菜が嫌いなので、生のコマツナをそのまま差し出しても、ポイッと捨てられてしまいます。
そんな野菜嫌いの子に少しでも野菜を食べてもらうための工夫をいくつかご紹介します。

① ペーストにして他の食材と混ぜる

我が家でよくつくるのが、すりおろしたニンジンとくずしたバードブレッドを混ぜる方法です。
これならば、筋金入りの野菜嫌いたちでも口にしてくれます。もちろん筋金入りですから、その日の気分によってはあまり食が進まないこともありますが、日頃から慣れさせておくに越したことはありません。しっとりした食感も新鮮味があります。

② えぐみのない野菜を選ぶ

なぜか鳥といえばコマツナが定着していますが、必ずコマツナでなければ、ということはありません（我が家はほとんどコマツナを与えません）。代わりに、食べやすいニンジンとパプリカをよく使います。特にパプリカは調理しているそばから食べにやってきます。野菜嫌いと思われている個体でも、何かしら気に入る野菜があるようです。青物ですとブロッコリースプラウトはあまりえぐみがありませんので、比較的食べやすいかもしれません。

Q2 主食のペレットと副菜の理想的なバランスはどのくらいでしょうか？

A2

獣医師が推奨しているペレットと副菜のバランスは7対3が多いです。我が家でも概ねその位の割合を基本としてブレンドしています。
しかし毎日厳守しなくてはならない比率ではありませんので、日によって6対4、5対5の日もあります。数ヵ月というサイクルでトータル的にバランスが取れていればよいと考えています。また、ペレットを数種ブレンドすることで、ペレットの割合が多くても飽きずに食べられることを目指すとよいでしょう。

③ 栄養素が壊れない程度に加熱する

野菜は生のまま与えるのが一番ですが、加熱しても一瞬にしてすべてのビタミンを失うわけではありません。また、繊維質やミネラルは熱に強く残りますので、栄養素が全くなくなるわけでもありません。生野菜が嫌いなだけかもしれませんので、他の食材と一緒に軽く煮てみてはいかがでしょう。えぐみが抜け、やわらかい食感が食欲を増進させるかもしれません。

④ 形を工夫する

個体ごとに食べやすい形や大きさがあります。ピーラーで薄くスライスしたり、脚で持つのが好きな子には少し長めにカットしたり、小型鳥でも大きな塊をつつくことが好きな場合もあります。68～69ページに切り方のバリエーションをご紹介していますので、参考にしてみてください。

いろいろな方法でチャレンジして、それでも食べなければ、諦めるのもひとつです。野菜以外にも栄養価の高い食物は色々あります。ただ、鳥は気まぐれですから、ある日突然食べ始めることもありますので、悲観せず、焦らず気長に野菜嫌い克服と向き合ってみてください。

愛鳥の
食に関する
お悩み
Q&A

Q3 野菜や手づくり食は毎日与えてもいいのですか？

A3

健康的な食事は、バランスよく色々なものを食べることが基本です（人間も同じですよね）。長期間同じものを食べ続けると、気づかないうちに栄養バランスが偏ってしまう可能性があります。
また、稀ではありますが特定の食材を食べ続けることにより食物アレルギーを引き起こす可能性もゼロではありません。 あまり神経質に気にしすぎることはよくありませんが、なるべく定期的に食事メニューの構成を変えることをおすすめします。
体に良いとされる野菜ですが、鳥さんの小さな体ではビタミンなどの過剰摂取になってしまうといけませんので、野菜を使った手づくり食も毎日必ずではなく、バランスのとれた食事の一環として取り入れてみてください。

Q4 与えていいものと悪いものの判断はどのようにしたらよいのでしょうか？

A4 28ページの食材一覧を参照してみてください。新しい食物を与える際には、その食物がもつ主な栄養素と愛鳥の体質が合うかどうかを判断基準にします。例えば、ゴマは脂肪が多いのでダイエット中には向かない、生のフルーツは水分が多いので、多飲やおなかを壊しやすい個体には向かないなど、大体の見当がつきます。
特に嗜好性の強い食材（脂肪の多いナッツ、糖分の多いフルーツ）は喜んで食べるからといって与え過ぎないように、心を鬼にして少なめ少なめを心がけましょう。

Q5 着色ペレットの同じ色ばかり食べてしまいます。

A5

1種類のペレットしか食べられないことはリスキーです。そのペレットが製造中止になり手に入らなくなったり、災害などの避難時にそのペレットが支給されるとは限りません。また、糞便の色にも影響するため健康状態チェックに支障をきたします。

着色ペレットを否定するわけではありませんが、無着色のペレットも食べられるように、飼い主さんが頑張って訓練させましょう。

ペレット切り替えのコツは44ページを参照してください。

Q6 おやつを与えるとペレットを食べなくならないか心配です。

A6

まず、おやつを与え過ぎないように注意してみましょう。つい可愛くて与えてしまうと肥満にも繋がります。ここは愛鳥の命を考えてグッと我慢です。放鳥時やトレーニング時はつい与えすぎてしまうシーンです。我が家では食事は全てケージでと決めています。おやつを追加で与えることはほとんどしていません。歳を重ねると代謝が落ちて太りやすくなりますので、肥満にさせてしまったことによりダイエットを強いるのはもっと辛いことです。

また、与えるおやつの種類にも気を付けて、油分が多く嗜好性の高いものは、ごくわずかな量にしましょう。

Q7 サプリメントは与えた方がいいのでしょうか？

A7

シードがメインの食事では、どうしても不足する栄養素があります。そのため、サプリメントで栄養素を補う方法を推奨する獣医師さんもいます。

しかしサプリメントは水入れに入れっぱなしにすると菌の増殖を招きますので、与え方に注意が必要です。

また、ペレットをメインの食事にしている場合は、栄養素が重複していると過剰摂取となり疾病の原因となりえますので、どうしても必要と感じる体質の変化が生じた時には、知識をもった獣医師に必ず相談してから、どんなサプリメントが必要であるか判断を仰いでください。獣医師からは、欠乏よりも過剰摂取の恐ろしさが指摘されています。

& Others

くだものなどを使ったレシピ

くだものからはビタミンや食物繊維を摂取することができます。
多くのくだものは活性酸素を除去する抗酸化作用をもつポリフェノールを含みます。
生のくだものは水分が多いので、お腹をこわさないよう摂り過ぎに注意しましょう。
ドライフルーツは保存がきき、ペレットなどの他の食材と一緒に
ごはん入れに入れても、水っぽくなりません。
乾燥させることで同じ重さと比較して栄養価が高まりますが、
糖分も高まるため、適度に取り入れて錆びない体づくりを目指しましょう。

Fruits

香るバナナピューレ

バナナが好きな鳥は多く、ペレットを混ぜ込んでも違和感なく食べることができます。香りづけにシナモンパウダーをふりかけました。シナモンは気持ちを落ち着かせるなどの作用がありますが、独特な香りが苦手な個体もいますので、あまり好まないようであればシナモンをかけずに与えてください。

材料

バナナ………適量
粉末ペレット………適量
セイロンシナモン………適量

つくり方

1 バナナをすりつぶす。

2 粉末ペレットを混ぜ込み、シナモンパウダーを少量ふりかける。

* 鳥はバナナを食べ過ぎるとカルシウム不足を引き起こす可能性があるため、与え過ぎに注意。
* 与える量の目安は、個体の大きさに合わせて5口以内。
* 写真上は、粉末ペレットをトッピング。

リンゴとキヌアのコンポート風

ほんのり甘いリンゴと栄養価の高いキヌアでつくるコンポートです。加熱時間次第で、リンゴの食感をシャキシャキにもトロトロにも愛鳥の好みに調整できます。ある程度柔らかくなったところで、木べらでつぶすと簡単にとろみがつきます。

材料

リンゴ……… 適量
キヌア（3色）……… 適量
水……… リンゴがひたひたにかぶる程度

つくり方

1 小鍋に薄くスライスしたリンゴとキヌア、ひたひたより少し多めの水を入れ、中火で10分以上煮る。煮込み時間で、リンゴの硬さを調整する。

2 水分が少し残るか、煮切る直前で火から下ろす。

＊焦げつかないように注意する。
＊保存期間は冷蔵で1週間ほど。長期間保存する場合は冷凍する。

フルーツキャンディボール

コロコロ楽しいとっておきのおやつ。乾燥デーツ（ナツメヤシ）は人にも嬉しい栄養たっぷりのスーパーフードです。品種によって硬さが異なるので、指でつぶしやすいものがおすすめです。人と鳥が一緒に食べられるおやつです。

材料

乾燥デーツ（ナツメヤシ）……… 適量
ペレット ……… 適量
お好みでナッツ、シードなど ……… 適量

つくり方

1 デーツを指でつぶす。

2 ペレットなどお好みの食材を混ぜ込む。
まわりにまぶしてもよい。

＊与える量の目安は、全体の食事量の1割以内。

シュトーレン風ブレッド

鳥さんのおやつもちょっぴりおしゃれに。ドイツのクリスマスのお菓子、シュトーレンをイメージしたブレッドです。雪が降り積もったようなクリスマスにぴったりのケーキです。

（材料とつくり方は107ページ参照）

ビーポーレンヨーグルト

必須アミノ酸をはじめ黄金の栄養バランスといわれ注目されるビーポーレン。
近年では犬の食事にも取り入れられているスーパーフードです。

ビーポーレンとは、蜂(bee)の花粉(pollen)のことで、蜂が集めた花粉を自身の酵素で固めたもの。鳥さんの体にも必要な必須アミノ酸をはじめ何十種類もの天然栄養成分が豊富に含まれ、パーフェクトな栄養価と評される食材。

材料

ヨーグルト（無糖）………… 適量
ビーポーレン………… 数粒

つくり方

1 ヨーグルトにビーポーレンをほんのひとつまみかける。

2 ビーポーレンはヨーグルトに混ぜ込んでも、上にかけてもよい。混ぜ込むとしっとりする。

＊与える量の目安は、鳥が5回舐める程度。

シュトーレン風ブレッド

材料

コーンミール………… 40g
全粒粉………… 10g
お好みの固形ペレット………… 15g
キヌア………… 8g
お好みのナッツ………… 8g
お好みのドライフルーツ………… 8g
水………… 30cc
セイロンシナモン………… 少々
ココナッツフレーク………… 適宜

つくり方

1 ナッツやドライフルーツはお好みの大きさにカットし、材料をすべて混ぜ合わせる。

2 小さめのケーキ型に、隙間ができないよう詰め、160℃のオーブンで35分焼く。ケーキ型がない場合は、クッキングシートにのせ両手でしっかりまとめる。

3 中心部がねっとりしなくなったら焼きあがり。

4 オーブンから取り出し、そのまま網の上などで冷ます。

5 仕上げにココナッツフレークをかける。

6 完全に冷めたら切り分けてラップで包み冷凍保存する。

＊トースターで焼く場合は、アルミホイルにのせ薄めに広げ両手でしっかりとまとめる。

＊トースターは機種により火力が異なるため、焦げないように様子を見ながら20〜30分焼く。

＊解凍後は必ず冷蔵保存し、食べる分のみ電子レンジで温める。

応急食について

鳥は、病気や換羽による体力消耗、ケガの影響などで、食欲が落ちてしまうことがあります。食欲が落ちてしまった鳥は、噛み砕く気力さえなくなり、いつもの食事を口にすることができなくなってしまうことがあります。

そんなもしもの時のための応急食について考えてみましょう。

もしもの時は、突然やってきます。我が家も、初めての換羽による体力消耗、突発的なアレルギー性鼻炎、突然胸に大きな傷ができたり、眼の瞬膜が切れてしまったこともありました。

愛鳥に体力がある元気なうちに、備えておくことが重要です。とりあえず食べてくれれば何でもいい、との観点からカステラなどが挙げられることがありますが、そればかりを毎日食べ続けるわけにはいきません。少しでも栄養バランスを保てる応急食を、いくつか試しておきましょう。

まずは「ペレットのおかゆ」（36ページ参照）がおすすめです。ペレットを粉末状にし、温かいお湯を加えただけのものですが、噛み砕く気力さえない時には活躍してくれます。舌を伸ばして舐めとるだけで口に入りますし、片手で器を持ち、片手で愛鳥を支えてあげれば足元が安定して食べやすいでしょう。

ぜひウェットタイプの食事に普段から慣れておいてください。突然目の前に見たことのない水分の多い食事が現れても、それが食べるものかどうかよくわからず戸惑ってしまい、受

温めたお湯でジュヴナイルを溶いたもの。粘度は鳥が食べやすく、消化に負担のない状態にする。

材料を組み合わせてつくる応急食

ハリソン社のジュヴナイルと、「野菜」「くだもの」「油脂」を組み合わせた応急食の一例です。個体の好みに合わせて、組み合わせるものを選びます。

1 野菜とくだものをすりつぶします。
2 ナッツなどの油脂類もすりつぶすか細かく刻みます。
3 温めたお湯でジュヴナイルを溶き、食材を全て混ぜ合わせます。
4 人肌に冷ましてから与えます。

特段組み合わせの決まりはありませんが、水分や油脂が多すぎないよう留意します。

組み合わせる材料の例

・ニンジン、デーツ、クルミ
・バナナ、マツの実、ビーポーレン
・コマツナ、リンゴ、ゴマ
・ブロッコリースーパースプラウト、クコの実、アーモンド
・パプリカ、レーズン、カボチャの種
・ケール、ゴジベリー、アーモンド
・ミニトマト、プルーン、ヒマワリの種

ハリソン社 ジュヴナイル

成分表	粗タンパク質(最小)	18%
	粗脂肪(最小)	11%
	粗繊維(最大)	4%
	水分(最大)	10%
原材料	粟、ヒマワリの種、麦、トウモロコシ、大豆、ピーナッツ、グリーンピース、緑レンズ豆、焙煎オーツ麦、玄米、タピオカマルトデキストリン、オオバコ、乾燥アルファルファ、炭酸カルシウム、藻類、モンモリロナイト粘土、乾燥海藻、ビタミンEサプリメント、天然トレースミネラルソルト、植物油、天然混合トコフェロール、レシチン、ローズマリー抽出エキス、ビタミンAサプリメント、ビタミンD_3サプリメント、ナイアシンサプリメント、ビタミンB_{12}サプリメント、リボフラビンサプリメント、d-カルシウムパントテン酸、塩酸ピリドキシン、D-ビオチン、硝酸チアミン、亜セレン酸ナトリウム	

け入れるまでに時間がかかる場合があります。液状の食事に慣れておくことで、病院で強制給餌する一歩手前で手を打てる可能性が広がります。なるべく愛鳥にストレスをかけずに栄養を摂取できる方法を普段から探しておきましょう。

我が家では食欲が落ちて困った時に、ハリソン社のジュヴナイル(JUVENILE)というベビーフードを買いに走ります。

タンパク質や脂質が高く、食事量が減ってしまった時の救世主として栄養補給してくれます。ベビーフード特有のにおいがなく、オーガニック基準を満たした製品です。タピオカ由来のとろみがあり、腹持ちがよいのも利点でしょう。まずはゆるめに溶き、食欲が出て糞も正常に出ているようであれば水分量を徐々に減らしていきます。

ジュヴナイルの成分を見てみましょう。常食用の製品に比べ、タンパク質・脂質ともに5％近く高く配合されています。原材料を見ると、ヒマワリの種や植物油が常食用の製品よりも含有量が多い位置に表示されているので、恐らくそれらの原材料で調整していると思われます。

このように成分表示を見て特徴をつかめると、今何が不足していて何を補う必要があるのかを判断する材料になります。

すりおろしたニンジンとジュヴナイルを混ぜたもの。

コマツナはすりつぶすとジュヴナイルと混ざりやすい。

愛鳥のとっておきを知る

ちなみに皆さんは愛鳥にとっての「とっておき」をご存知ですか？「とっておき」を見つけておくことは、その子を知るうえでとても大切なことです。

我が家の鳥がケガを負い、首にカラーを装着せざるを得なくなり、普段何でも脚で持って食べているためカラーが邪魔をして何も食べられなくなってしまったケースがありました。

とにかく食べさせなくてはと、ペレットを砕いて細かくしてごはん入れにいっぱいに入れたり、おかゆにして好物のアーモンドをトッピングしてみたり、いろいろと工夫してみましたが何も食べてくれません。いつもはあっという間に食べてしまう大好きなバードブレッドでさえ、自分の脚で持って食べられないために受け付けてくれませんでした。

そこで奥の手です。炊いたお米を水で洗ってぬめりを取り、さらに小鍋で柔らかく煮てサラサラのおかゆにし、粉末ペレットと和えました。すると、ついに「待ってました、これですよ」と言わんばかりに食べ始めました。

その子のとっておきは色々あったはずですが、何物にも勝るものはお米だったのです。毎日お米を与えることは望ましくありませんが、食事量が減ってしまっていたので緊急のエネルギー補給にもなりました。

一刻を争う応急食とは異なる、中～長期間の食事による取り組みで体質が改善した事例もご紹介します。

あるセキセイインコの背中の羽に、黒い線が入り切れてしまっている症状が見られました。病院では食べ物によるタンパク質とビタミンA・C・E強化をはじめ、暇にさせないための探餌行動を促すことや、日光浴などの環境整備に取り組むよう指導を受けました。飼い主さんは試行錯誤しましたが失敗もあり、たどり着いたのはSunny Kitchenのウェブサイトでした。

バードブレッド、クッキー、乾燥野菜などを手づくりし、生の新鮮な野菜と細かくして混ぜ、探しながら食べられるように工夫し与え続けました。するとセキセイインコの羽は改善しきれいに整ったのです。

このような取り組みが生かされるのが、まさに手づくり食の強みです。

応急食だからこそ栄養強化だけを目的とするのではなく、食を楽しむエッセンスを加えてあげることが私たち飼い主の仕事です。「食べることって楽しくなきゃ」ですよね。

粉末ペレットと炊いたお米を混ぜた応急食。好きなものが入っていると、食べる気力がわいてくることも。

ソーク＆フィード活用術

アメリカのラウディブッシュ社(Roudybush)より、ソーク&フィード(Soak&Feed)という製品が販売されています。ソーク＝浸して、フィード＝与える、というコンセプトの製品です。粉砕したペレットをベースに、乾燥させた野菜や果物、穀物などをブレンドしている、ユニークな製品です。嗜好性をもたせながらも、ペレットに含まれる栄養素も摂取できる優れものです。このような製品を知ることで、海外のバードフードの面白さを垣間見ることができます。

例えば、ピーチ、アプリコット、プラム、などが配合された「オーチャードハーベスト（Orchard Harvest）」、ニンジン、パプリカ、キャベツ、トマトが配合された「タスカンレシピ（Tuscan Recipe）」、マカロニ、サツマイモ、リンゴ、レーズン、トマト、パプリカが入った「イタリアントレイルミックス（Italian Trail Mix）」など8種類が販売されているようです。製品ごとにイメージをかきたてるネーミングが魅力的です。海外の製品には、美味しそうと思わせるネーミングがよく見られます。Gourmet（グルメ）という単語もよく使われます。

使い方はアイデア次第です。最もお手軽な使い方は、いつもの食材にそのままふりかけるだけです。細かい食材が散りばめられて、探す楽しみが生まれます。

少しアレンジを加えるならば、少量のお湯でふやかし、ボール状にします。ソーク&フィードの便利な点のひとつは、粘度を自在に調整できることです。何か好きな食材を混ぜてもよいでしょう。

そして応急食としても大変役立ちます。多めのお湯でトロトロに溶くと、シチューのように食べやすくなります。お湯の量を調整して、ぽってりした液状からシャビシャビした液状までアレンジがききます。薬や栄養剤などを混ぜて与えることもできます。

さらにクッキーもつくることができます。少量の水を加え、硬めの状態で丸め、170℃のオーブンで20分程焼けばお手軽クッキーの完成です。忙しいあなたにおすすめの一品です。

ソーク＆フィードの「タスカンレシピ(Tuscan Recipe)」。

※2023年1月現在、ソーク＆フィードは廃番となっている。

フードの選び方

愛鳥が毎日食べるフードを、どのような基準で選べばよいのでしょうか。まずは、飼い主さんが製品の表示から特性を読み解く力をつけることが必須です。

例えば、「国産　無添加フード　おいしいよ」という触れ込みを目にしたとします。一見、なんだか安心できそうな印象を受けるのではないでしょうか。

しかし「国産」という表現には落とし穴があります。原材料が外国産でも、日本で加工（製造）すれば「国産」と表示しても問題ないからです。

次に「無添加」という言葉は人を安心させる表現ですが、イコール高品質と鵜呑みにはできません。「何が」無添加なのかを見極める必要があります。

例えば保存料は無添加かもしれませんが、着色料が添加されているかもしれません。あるいは人工的な化合物は無添加かもしれませんが、質の悪い油脂を使用している場合もありますし、変性しやすい（傷みやすい）可能性もあります。

無添加とうたえば安心感を与えることができる風潮があります。このような表示をしている製品が悪いという意味ではなく、イメージを安易に捉えず本質を見抜くことの大切さを知っていただきたいです。サンプルを手に取って、色、香り、大きさ、硬さを確認し、飼い主さん自身が納得してから愛鳥に与えましょう。

飼い主さんのフードに対する疑問や不安を解消すべく、Sunny Kitchenでは「ペレット試食会」という勉強会を開催しました。ペレットの比べ方や選び方を学び、疑問を解消させ、実際にいくつかのペレットを食べてみようというイベントです。愛鳥も同伴可能とし、飼い主さんと愛鳥で仲良く試食しました。

その試食会で、今与えているペレットが、本当に良いものなのか悩んでいる参加者の方からご相談を受けたのですが、その方と2ヵ月後にお会いした時には「オーガニックのペレットにすんなり移行できました。嫌がらず食べてくれたんです。本当に良かったです」とご報告いただきました。

この本の一番はじめに書きました。
「愛鳥は一生あなたから与えられたものしか食べることができません」

その言葉の重さを、この本を読んでくださっている皆さん、そして本を読んでいない愛鳥家の方々にも、ぜひ感じていただきたいです。

海外のバードフードの考え方

日本ではまだ鳥の飼料に関しての法律がありません（2017年1月現在）。つまり、何を使ってどのようにつくったかを明示しなくても、行政の指導を受けず、罰せられることもないということです。

現在輸入されているバードフードは主に欧米の製品です。原材料はもちろん、成分表示もされ、オーガニック基準をクリアしたバードフードもあります。動物の飼料に対する意識の高さがうかがえます。オーガニック認定を取得するということは国内外を問わず、とても大変なことです。農産物の土壌から製造過程まで審査の対象となります。一度取得したからといって永久にオーガニック認定を受けたと表示できるわけではなく、定期的な監査が行われます。もしそこで何か基準に満たない条件が発見された場合、製品は自主回収（リコール）となり行政への届け出が必要です。

また海外のバードフードには、厳格さだけではなく、食べることを楽しませようとする製品が多く存在します。

色とりどりの豆、マカロニ、大きなナッツやドライフルーツがごろごろブレンドされているものもあります。小型鳥向けであっても、たくさんの野草やシードをブレンドし、大型鳥向けに引けをとらないほどバリエーションが豊富です。シナモンやスターアニス（八角）がまるごと入った製品もよく見かけます。ユニークなものでは、おもちゃが混ざっているものもあります。ただ食べるためだけではなく、探して楽しむことを意識してつくられています。

調理向けの製品も海外ではポピュラーです。乾燥した状態でパックされており、煮るだけで温かくバラエティに富んだ食事が手軽に提供できる便利なフードです。穀物や野菜をはじめ様々な食材がブレンドされており、アップルとシナモンで甘い香りが演出されていたり、トウガラシでスパイシーに仕立て「ケイジャン風」なんてネーミングがついているものにも出会ったことがあります。ただ食物を与えるためだけではなく、鳥の行動やライフスタイルまで考えて製品がつくられているのです。

125ページに海外製品を直接購入できるウェブサイトをご紹介していますので、興味のある方は個人輸入にチャレンジしてみてはいかがでしょうか（送料が商品代金と同じ位かかります。またカナダは配達の追跡ができません。よく読んでご注文ください）。

表示の見方を知る

ペレットの表示の見方を身に付けましょう。せっかく海外の製品についても触れるので、英語表記の見方も少しだけ記述しておきます。

賞味期限の表示は日本と海外では順番が異なります。日本は「○年○月○日」ですが、ペレットを製造している本国の多くは「Best Before ○日○月○年」の順で表示しています。○月の部分は、Mar（March・3月）やSep（September・9月）など頭の3文字をとって表記されることもあります。

内容量の単位も異なります。日本は「g（グラム）」で統一されているのに対し、「lb（ポンド）」や1ポンドに満たない量では「oz（オンス）」で表記されます。1lbは約454g、1ozは約28gです。

「Ingredients」という単語を見つけたら、そこから先には原材料が記されています。含有量が多い順に表示するルールです。バードフードは主にトウモロコシ、麦、米、豆などが主原料になっていることがわかります。

常食用のペレットと繁殖期・雛期用のペレットを見比べると、脂質を多く含む原材料が表示されている位置の違いに気づくはずです。

バードフードにおける成分分析表示は、主にタンパク質（Protein）、脂質（Fat）、繊維（Fiber）、水分（Moisture）です。それぞれに「粗（Crude）」という単語が頭についています。「粗」というのは、厳密にいうと他の成分も含むことを指します。粗タンパク＝アミノ酸、粗脂肪＝脂肪に溶け込むビタミンが含まれるため、そのような表記になります。

英語の表記にはなかなか慣れませんが、じっくり読むと、日本語訳されていない製品についての説明を見つけることができます。気になる単語がありましたら辞書やインターネットなどで調べてみてください。

日本でも成分表示を海外製品と同等に行っているメーカーがあります。企業が情報を提供し、消費者も知識を得て見る目を養うことで、愛鳥のためにより適切な製品を選ぶことができるのです。

ドッグフードの市場はだいぶ拓けてきています。コストがかかっても本当に良いものを小規模で提供する企業が競争できるフィールドになっていると感じます。そのおかげで、見る目を養った飼い主は少々値が張っても納得できるものを選ぶことができます。バードフードは残念ながらまだまだその域に達していません。日本にもいくつものバードフードメーカーがしのぎを削る時代がやってくることを、密かに期待しています。

原材料・成分表示における製品の比較

実際に原材料表示と成分表示を見てみましょう。原材料から製品をイメージしてみてください。それぞれの製品の特徴を知り、納得できる製品を選びましょう。ちなみに原材料表示・成分表示なしで「どんな鳥でも喜んで食べる」とだけ表記しているフードも市販されていますが、この本をお読みになった方なら、どう感じるかは言うまでもないでしょう。

A社のペレットの特徴的な原材料は、チアシード、モンモリロナイト粘土、海藻などです。モンモリロナイト粘土は鉱物なので、ミネラル源として

A社

原材料	トウモロコシ、麦、粟、大豆、ピーナッツ、ヒマワリの種、レンズ豆、グリーンピース、焙煎オーツ麦、アルファルファ、米、チアシード、炭酸カルシウム、モンモリロナイト粘土、ビタミンE、乾燥海藻、海塩、ヒマワリ油、天然混合トコフェロール、レシチン、ローズマリー抽出エキス、藻類、ビタミンA、ビタミンD_3、Dl-α酢酸トコフェロール、ビタミンB_{12}、リボフラビン、d-カルシウムパントテン酸、ナイアシン、塩酸ピリドキシン、D-ビオチン、硝酸チアミン、葉酸、硫酸亜鉛、硫酸マンガン、硫酸銅、亜セレン酸ナトリウム、植物油	
成分表示	タンパク質	14%
	脂質	6%
	繊維	5%
	水分	10%

B社

原材料	トウモロコシ、小麦、大豆、大豆油、炭酸カルシウム、第二リン酸カルシウム食塩、DL-メチオニン、エルアルギニン、ナイアシン、混合トコフェロール、ローズマリーエキス、アスコルビン酸、クエン酸、レシチン、二酸化ケイ素、α酢酸トコフェロール、アスコルビン酸、硫酸マンガン、ユッカエキス、ナトリウム水和物アルミノケイ酸カルシウム、乾燥酵母、ビオチン、パントテン酸カルシウム、酸化亜鉛、リボフラビン、塩酸ピリドキシン、ビタミンAアセテート、硝酸チアミン、メナジオン重亜硫酸ナトリウム複合、エチレンジアミン二塩酸塩、葉酸、シアノコバラミン、亜セレン酸ナトリウム、プロピオン酸塩、水酸化アンモニウム、酢酸、ソルビン酸、酒石酸、天然リンゴ香味料

成分表示	タンパク質	11%	繊維	3.5%
	脂質	6%	水分	12%

採用していると考えられます。繊維質も含まれ、バランスの良い印象を受けます。味のイメージは、比較的あっさりとしていると考えられます。

B社のペレットは、添加物の一覧表（120ページ）を参照すると、保存料が2種含まれていることがわかります。二酸化ケイ素とソルビン酸です。全く含まない製品に比べ、品質劣化しにくい性質といえそうです。天然のリンゴ香料により、食べやすそうな風味がイメージされます。水分量が少し多めなので、砕きやすい硬さかもしれません。

あらゆる栄養添加剤がしっかり採用

C社

原材料	トウモロコシ、小麦、オーツ麦、小麦、コーングルテンミール、乾燥全卵、乾燥ビートパルプ、大豆油、亜麻の実、大豆ミール、炭酸カルシウム、二石灰リン酸塩、トウモロコシ糖、小麦胚ミール、L溶解素、乾燥サトウキビ糖、塩、全細胞アルゲーミール、フラクトオリゴ糖、ビール乾燥酵母、ビタミンA、コリン塩化物、DL-メチオニン、混合トコフェロール、酵母エキス、ユッカエキス、ビタミンE、ビタミンB_{12}、リボフラビン群、マンガンアミノ酸キレート、銅アミノ酸キレート、炭化鉄、亜鉛酸化物、マンガン酸化物、メナディオンナトリウム重亜硫酸塩合成物、ナイアシン、ローズマリーエッセンス、クエン酸、パントテン酸カルシウム、L-カルニチン、酸化銅、硫酸チアミン、ピリドキシン塩酸塩、コレカルシフェロール、ベータカロチン、カンタキサンチン、葉酸、ヨウ素酸カルシウム、ビオチン、コバルト炭酸塩、セレン酸ナトリウム、バチルスサブチリス発酵生成物、バチルスリケニフォルミス発酵生成物、天然風味

成分表示	タンパク質	15%
	脂質	6%
	繊維	5%
	水分	12%

D社

原材料	小麦、トウモロコシ、ライ小麦、大麦、デンプン、ルピナスの幹、西洋タンポポ、ローズマリー、オレガノ、ローズヒップ、オレンジ、レモン、乳清の粉、大豆油、ゴマ、ヒマワリの種、亜麻の種、糖蜜、ジャガイモタンパク質、エンドウ豆、ニンジン、ホウレンソウ、アルファルファ、ケール、ブロッコリー、カボチャ、炭酸カルシウム、リン酸二カルシウム、塩化ナトリウム、ビタミンA、ビタミンB_6、ビタミンB_{12}、ビタミンC、ビタミンD_3、ビタミンK_3、ナイアシン、パントテン酸、コリン、ビタミンE

成分表示	タンパク質	16%	繊維	7.1%
	脂質	4.9%	水分	11%

されている、そんな印象を受けますが、繊維質はA社に比べると少なめです。

C社は無着色を印象付けるためか「ナチュラル」という単語が製品名に使われていますが、カンタキサンチンという着色料が入っており、よく見ると製品名とのギャップを感じざるを得ません。オリゴ糖や酵母などは、消化機能を助けてくれそうな印象です。天然香料は由来が明記されていないのが気になるところです。成分分析のバランスは、特に脂肪分が高すぎたり、極端に繊維が不足しているわけではないので、申し分ないでしょう。

D社は自然の食物を豊富に使っているナチュラルな印象です。これは私の個人的な感じ方ですが、鳥のことを大切に想う気持ちが強い国でつくられたようなイメージがわきます。繊維質が多く含まれる点も嬉しいです。タンパク質が高めなのでダイエット中の個体には向かないかもしれません。

E社はペレットという名称がついていますが、栄養添加剤は含まれていません。どちらかというとメインではなくサブとしてブレンドするのに適した製品といえるでしょう。自然の食物のみで構成され、繊維質が豊富です。手づくり食にうまく活用すると、この製品の良さを発揮できそうな印象です。

F社は、今までの原材料表示とは印象が異なります。主原料となる穀物は大きく変わりませんが、脂質については、成鳥が常食するには高すぎます。また、天然着色料で安全とうたっていますが、実際に色、香り、油っぽさを確認し、品質を目で見る必要がありそうです。いくつかの原材料の由来が不明瞭な点も気になります。

ペレット選びに迷った時は、そのメーカーが他にどんな製品をつくっているか、どんな理念でフードをつくっているかなどを判断材料にするのもひとつです。

E社

原材料	米、トウモロコシ、ヒマワリの種、アルファルファ、ゴマ、アマランス、キヌア、ソバ、キビ、タンポポの葉、ニンジン、ホウレンソウ、紅藻類、ローズヒップ、オレンジピール、ローズマリー、トウガラシ、チリペッパー	
成分表示	タンパク質	13%
	脂質	6%
	繊維	11%

F社

原材料	大麦、エン麦、粟、クルミ、米、ヒマワリの種、くだもの、野菜、植物油、アミノ酸、酵母、ビタミン、ミネラル、微量鉱物	
成分表示	タンパク質	15%
	脂質	10%
	繊維	2%

添加物について

添加物を使用する目的は主に3つあります。①栄養強化のため、②品質保持のため、③見た目や香りを彩るため。

①栄養添加剤としての添加物はバードフード以外の飼料にも必須であり、いわゆる悪いイメージの添加物とは異なります。主にビタミン、ミネラル、必須アミノ酸などです。オーガニック認定を取得しているフードにも含まれています。

体内でつくり出すことのできない物質を効率的かつ有効に体内に取り込むためには、ペレットに添加することが不可欠です。しかし、栄養価の高い食材を組み合わせた手づくり食ならば、代用することはある程度可能だと考えます。

しかし要求量と摂取量を計算し、すべて自然の食物で献立を組むことは、容易ではありません。栄養が添加された既製品もうまく活用することで、より理想的に栄養素を摂取できるでしょう。

②品質保持のための添加物は、保存料を指します。「保存料＝悪いもの」と感じるのが一般的だと思いますが、製造から運搬、在庫として置かれてから口に入るまでの期間、季節による温度や湿度、保管状況等を考えると、品質保持のためという理由に関しては使用が有効であるという考えもあります。保存料で即命を落とすことはなくても、品質劣化による食中毒が命を脅かす危険性の方がはるかに大きいからです。

保存料を含まない製品は包材に工夫をし、開封後は短期間で使い切ることが求められます。オーガニック認定を取得しているペレットのメーカーでは、遮光性の包材を使用し、開封後は4～6週間で食べ切るよう推奨しています。

湿度の高い日本では、カビが生えてしまい販売に至らなかった製品もあったと耳にしたことがあります。

③見た目や香りのための添加物は着色料、香料などです。着色料には人工のものと天然由来のものがあります。人工のものは、赤色○号等といったもので表示されます。天然由来のものは、例えばウコン（ターメリック）、ビーツ、アナトー、クチナシなどがあります。

着色ペレットは、糞便に色がつき日々の健康状態のチェックに支障があると獣医師が指摘していますので、数粒アクセントとして混ぜる程度とし、着色ペレットのみを与えることは避けた方が、嗜好性の幅を養う意味でもベターと考えます。一時的・部分的な使用であれば大きな問題はありませんが、常食にする際にはそのようなデメリットも考慮すべきでしょう。

端的に、添加物を多く摂ると長生きできないということは根拠に欠け、強く断言することはできません。しかし飼い主さんの考えとして、なるべく人工的な添加物を減らしたい、とするならば、まずは人工着色料が入っていない製品を選ぶことが第一歩ではないでしょうか。

あまり神経質になりすぎる必要はありませんが、疑心暗鬼のまま与え続けている製品よりは、安心感があり人にもすすめられる製品を選んだ方が、飼い主さんにとっても納得できると思います。

漂白剤はドライフルーツに使用されていることが多いです。人間用や小動物用でもカラフルなドライフルーツを見かけます。漂白剤は見た目のきれいさのためだけに使用されている、全く必要のない物質です。比較するとその違いは全く別物のように見えます。ナチュラルなドライフルーツは、色がくすんでいるものを基準に選びましょう。

ちなみに人間の食品の添加物について調べてみると、恐怖感を煽る記述がたくさんある中で、真実はおおよそこのようなところだとわかりました。

・摂取する都度分解され体内には蓄積しない。
・害が生じる量は一生かけても食べきれない量。
・毎日食べたらリスクがある量÷100（1％）以下を使用のラインとしている（水を一度に10L飲んだり、塩を一度に100g摂取したら死に至るが、それらを害といわないことに触れないのが添加物危険説を煽る者の根拠のなさとの指摘もある）。

しかし鳥の身体で同じことがいえるかはわかりませんし、複合的に摂取した場合のリスクは明確ではありません。

そこで、何種類ものペレットを混ぜることのメリットが生かされます。ずっと1種類のペレットを食べ続けることに比べ、添加物のバランスが偏らず、長い目で見れば特定の添加物の摂取量を減らすことができるのです。

添加物に対する考えは人それぞれです。迷ったときは、「必要な添加物」と「不要な添加物」を判断材料にしてみてはいかがでしょうか。

ドライアプリコットの比較。右は見た目のオレンジ色はきれいだが、漂白されているもの。左は黒っぽいが漂白されていないナチュラルなもの。

ペレットの原材料を見るとカタカナの名称が多く、なんだか体に悪そうなイメージをもってしまいます。ここではカタカナの正体を一部ご紹介します。

とあるメーカーのペレットの原材料を参考に見てみましょう。ドイツのBIO基準（オーガニック）をクリアしたペレットです。赤色の表示が前記で述べた栄養強化のための添加物といわれるものです。

おおよそ、自然の食物からタンパク質・脂質・繊維を引き出し、ビタミン、ミネラル、アミノ酸が添加されているのがバードフードの構成です。

どのような食材をどのように配合するかはメーカーにより様々です。原材料表示を見比べるとメーカーの個性が見えて面白いものです。

BIO基準ペレットの原材料

（赤色の文字が栄養強化のための添加物）

小麦、トウモロコシ、ライ小麦、大麦、デンプン、ルピナスの幹、セイヨウタンポポ、ローズマリー、オレガノ、ローズヒップ、オレンジ、レモン、乳清、大豆油、ゴマ、ヒマワリの種、フラックスシード（亜麻の種）、糖蜜、ジャガイモタンパク質、エンドウ豆、ニンジン、ホウレンソウ、アルファルファ、ケール、ブロッコリー、カボチャ、炭酸カルシウム、リン酸二カルシウム、塩化ナトリウム、ビタミンA、ビタミンB_6、ビタミンB_{12}、ビタミンC、ビタミンD_3、ビタミンK_3、ナイアシン、パントテン酸、コリン、ビタミンE

栄養添加物・着色料・保存料の分類

栄養添加物	ビタミン	アスコルビン酸
		α-トコフェロール
		コレカルシフェロール
		シアノコバラミン
		硝酸チアミン
		チアミン塩酸塩
		ナイアシン
		パントテン酸ナトリウム
		ビオチン
		ピリドキシン塩酸塩
		メナディオンナトリウム重亜硫酸塩合成物
		葉酸
		リボフラビン
	ミネラル	亜鉛
		亜セレン酸ナトリウム
		鉱物類
		炭酸カルシウム
		硫酸銅
		硫酸マンガン
		リン酸
	必須アミノ酸	L-アルギニン
		L-リジン塩酸塩
		DL-メチオニン
着色料		赤色○号、黄色○号、青色○号
		アナトー色素
		カンタキサンチン
保存料		エトキシキン
		混合トコフェロール
		ソルビン酸
		二酸化ケイ素
		ローズマリーエキス（天然保存料）

愛鳥の食を考える講演のお話

私は愛鳥のための手づくりごはんについて、皆様の前でお話しさせていただく機会がありますが、そういった活動のきっかけは、認定NPO法人TSUBASAが定期開催している「愛鳥塾」に講師としてお招きいただいたことが始まりでした。

TSUBASAでの講演の様子。
愛鳥同伴で参加してもらい、試食会を行った。

それ以前からTSUBASAの松本代表をはじめスタッフの皆様には、施設の鳥たちによるバードブレッドの試食を受け入れていただくなど、鳥の食を通じて情報交換をさせていただいていました。

初めての講演では「鳥の食事にはもっと可能性がある」という内容でお話させていただき、バードブレッドの試食会も行いました。不慣れで、うまくお伝えできたか不安ではありましたが、次のステップへ進む大変貴重な機会になったことは言うまでもありません。

講演において数あるテーマのひとつとして「鳥の食」が取り上げられることはありますが、あくまで愛鳥の健康を考える一環としての解釈であり、もっともっとその奥が深いということを知っていただきたく、個人主催で「愛鳥のための料理教室」を開催しました。

最初のメニューは「ふりかけ」

最初にご提案したメニューは、「アレンジ自由自在の手づくりふりかけ」です。15種類ほどの食材を飼い主さんが自由に組み合わせ、愛鳥のためのオリジナルふりかけをつくるというもので、複数の食材を目にして口に運ぶ楽しさを、飼い主さんが毎日手間をかけなくても手軽に提供できることを目的としました。

食材は、シード類から穀物類、無添加の自家製ポップコーンや数種類のペレットをご用意しました。飼っている愛鳥の種類によって飼い主さんそれぞれの工夫があり、それはとても興味深いものでした。

例えばウロコインコの飼い主さんはとても丁寧に食材を細かくカットしていて、ヨウムの飼い主さんは脚で持って食べられるよう大きいまま

料理教室では、ふりかけやペレットクッキーなどを紹介。参加者皆さん、楽しみながらクッキーを焼く。

クッキーの成形作業。愛鳥の大きさや好みを考えて、クッキーの大きさを決める。

混ぜていました。お一人ずつインタビューさせていただくと、あえて食べたことのない物を選んだ方や、馴染みのある食材を上手に混ぜ込んだり、自分の食べたいものを選んだ、という飼い主さんもいらっしゃいました。

　中でも人気のあった食材は、きなこです。豆が好きな鳥は多く、新しい食材でもきなこをまぶすことで興味をもってくれるケースもあったようです。

　きなこは口が小さな鳥種でも簡単に口に運ぶことができる、栄養価の高い食材です。

参加者は食に関心の強い愛鳥家

　ふりかけと併せて、「ペレットからつくるクッキー」もご提案しました。最も安全な手づくりおやつはどんなものだろう、と考え思いついたレシピ、粉末状のペレットとすりおろしたニンジンを混ぜ合わせ焼いたクッキーです。

　これもまた飼い主さんの個性が光ります。ギュッギュと丁寧に形を整える方や、丸形にとらわれずとんがり形にする方、ブロックのように四角くて大きな形は、男性の飼い主さんらしい仕上がりでした。

　教室には香ばしい香りが漂います。同伴した愛鳥にその場で試食してもらうと様々な反応があり、小さな鳥ほど臆することなくつつき、大きな鳥ほど警戒しながら少しずつかじってみる傾向が見られました。

　参加される方の愛鳥の種類は、最も小さくて文鳥やセキセイインコから最も大きいとボウシインコやヨウムまで多岐に渡ります。愛鳥の食事に悩みをもっていたり、もっと愛鳥のために何かしたいという気持ちが強い方、とにかく愛鳥のことが愛おしくて仕方ない方が積極的にご参加くださっています。

ペレットの悩みを解決!?
ペレット試食会開催

　次に「ペレット試食会」と題した

講演を開催しました。ペレットの品質や表示について勉強色の強い内容でお話させていただきました。ペレットに対する疑問や悩みを解決し、ペレットや苦手な食材との付き合い方を考えるきっかけにしていただくことが目的でした。

参加された方からいただいたご相談内容としては、「今食べさせているペレットが本当に適切なのか悩んでいる」、「ペレットの種類をもっと知りたい」、「ペレットの商品表示を詳しく知りたい」、「今食べているペレットから他のペレットへの切り替え方はどうすればよいのか」など、主食であるからこその重要な内容でした。

危険性を感じる製品以外、基本的には「これが良い、これが悪い」ということは申し上げずに、飼い主さん自身で判断できるようになるための判断材料をお伝えする程度に留めました。

開催直後から数ヵ月経ったのちにも、参加者の方からいくつもの嬉しいご報告をいただきました。

「品質に疑問をもっていたペレットから他のペレットに切り替えることができました。あのまま食べ続けていたらと思うと……。本当に良かったです」、「あえて嫌いな食材も入れる、ということを実践し続けていたら、２ヵ月後には苦手なニンジンを食べてくれるようになりました」、「野菜を食べてくれず困っていましたが、講演での『諦めてもよい』という言葉で吹っ切れました。今ではドライハーブをふりかけてそれで良しとしています」、「ペレットはメーカーが違うだけでこんなに風味が異なるとは知りませんでした。愛鳥の好みを知るきっかけになり、選択肢が増えました」など、飼い主さんと愛鳥にとって良い結果をもたらす機会にしていただけたことは、心から嬉しいことでした。

今後も愛鳥と飼い主の幸せを目指し、講演や料理教室を開催したいと思います。

さっそく試食会場に訪れたセキセイインコの瑞菫ちゃん。野菜にもペレットにも挑戦してくれました。

サラダに興味津々のセキセイインコのピタちゃん。好きなものを探して、楽しみながら食べてね。

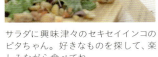

TSUBASAを知っていますか？

認定ＮＰＯ法人ＴＳＵＢＡＳＡは、様々な理由から飼い主さんと一緒に暮らすことができなくなったインコ・オウム・フィンチを保護し、新たな里親さんを探す活動を行っています。

「人・鳥・社会の幸せのために」を基本理念とし、愛鳥家の適切な飼養に関する知識の底上げを目指した勉強会（バードライフアドバイザー認定講座）を全国で定期的に実施するなど、鳥の保護のみならず鳥と人と社会のかかわりに向けた活動も積極的に行っています（Sunny Kitchen の勉強会や料理教室は、主旨をＴＳＵＢＡＳＡの皆様にご理解いただいたうえで、施設のバードランスペースをお借りして開催しています）。

ＴＳＵＢＡＳＡの活動は会員による会費をはじめ、鳥を愛する皆様の寄付によって支えられています。ぜひ一度認定ＮＰＯ法人ＴＳＵＢＡＳＡのウェブサイトをご覧ください。

施設の鳥たちは開放的な中庭で飛び回ることもできる。一般公開日に訪れると、スタッフの方が鳥たちについて親切丁寧に説明してくれる。

「Meet The Bird」通称MTBと呼ばれる里親会が定期的に開催されている。寿命が長い中～大型鳥を成鳥で迎えることで、飼い主さん側の寿命により手放さなくてはならないリスクとのバランスが取れる場合もある。

施設はスタッフと献身的なボランティアによって、常に清潔に管理されている。疾病による投薬や、食事制限が必要な個体など、それぞれに合わせた健康管理も徹底。施設の鳥たちは穏やかで幸せそう。

施設の開放日など詳細はウェブサイトをご覧ください。
http://www.tsubasa.ne.jp

ペレット・食材が購入できるショップ

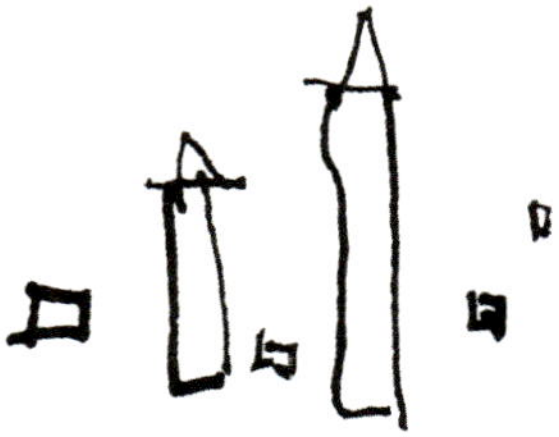

ペレット・既製品

ハリソンバードフード(Harrison's Bird Foods)
正規代理店
飛翔
http://hisyoo.co.jp/

Bird's Grooming Shop
http://www.birdsgrooming-shop.com/

CAP!
http://www.rakuten.co.jp/cap/

個人輸入(アメリカ)
My Safe Bird Store
http://www.mysafebirdstore.com/

オーガニック食材

オーガニック食材
GAIA
http://www.gaia-ochanomizu.co.jp/shop/

無添加ドライフルーツ
Copeco
http://www.copeco.jp/

オーガニックナッツ・
ドライフルーツ
Nova
http://www.nova-organic.co.jp/

その他

カナダ直送オリジナルの
ハンドメイドフード
Avian Organics
http://www.avianorganics.com/

あとがき

ちょっぴり新しいバードフードの世界に、少し戸惑われた方もいらっしゃったでしょうか？　実はこの本は、飼い主さんのための本ではありません。すべては愛鳥のためにつくられた本です。この本を手に取って、「愛鳥のために手づくり食をつくってみたい！」と思ってくださる方がいらっしゃいましたら、きっとその方の愛鳥は、幸せなバードフードライフを送ることと思います。

思い返してみると、初めて試作した手づくり食は、なんとも味気ない、ただ野菜を煮ただけのよくわからない代物でした。

「見るからに美味しくなさそう……」とため息とともに、私の記念すべき手づくり食第一歩は、地味に幕を閉じました。

その後、日本には見本になるものがありませんでしたので、海外のバードフードやレシピ本を取り寄せ、見様見真似で試作を繰り返しました。

もちろん今もつくっては失敗しての繰り返しです。「なんじゃこりゃ！」とか、「微妙……」などと言いながら、鍋を焦がしたりオーブンとにらめっこしたりしています（いつも試食に付き合ってくれている我が家のミニコンゴウインコたち、ありがとう）。

そんな試行錯誤を繰り返してできたレシピのなかから、小型鳥から大型鳥まで幅広く楽しめそうなレシピを選びご紹介しました。少し手間のかかるレシピもありますが、手軽なものから試していただき、自由自在にアレンジを楽しんでみてください。少しでも何かのヒントやきっかけになりましたら幸いです。

鳥の食事は私たちが思っている以上に奥が深いです。そしてまだまだ日本のバードフードはこれからです。まずは発信する側が適切な知識を身に付け、意識の高い愛鳥家以外にも飼育に関する「良識」を浸透させることが求められる、そんな時代がきているはずです。鳥の飼い方の知識はまだまだ一般的ではなく、犬や猫ほど世間に知られていないことが多いという意味で、鳥を飼うことは難易度が高いと私は思っています。

一羽でも多くの愛鳥の幸せを願い、この本を書き下ろしました。常に新鮮な知識を惜しみなく与えてくださる獣医師の曽我玲子先生、この熱い想いを見つけてくださった編集の黒田麻紀さん、レシピを夢のような世界へいざなってくださったカメラマンの蜂巣文香さん、宝物にしたくなるような一冊に仕上げてくださったデザイナーの小野口広子さん、そして今この本を手に取ってくださっている愛鳥家の皆さんに、この場をお借りして心より御礼申し上げます。

後藤美穂

著者

後藤美穂（ごとう・みほ）

Sunny Kitchen主宰、バードフードコーディネーター、長野県出身。信州の自然と農作物に囲まれ、鳥・犬と共に幼少期を過ごす。コンパニオンバードの食事を豊かにしたいとの気持ちからSunny Kitchenを設立。愛鳥の手づくり食料理教室や講演を行う。現在コミドリコンゴウインコ、ヒメコンゴウインコと暮らす。

『とりさんごはんのSunny Kitchen』
https://sunnykitchen.shop-pro.jp

監修（p6～11）

曽我玲子（そが・れいこ）

鳥やエキゾチックアニマルも含め幅広い種類の動物を対象に、正確な診断と治療を目指す動物病院Grow-Wing Animal Hospital（曽我動物病院）院長。小動物専用診察室を設け、各種診断装置を完備し、診療・手術を行う他、病気の予防、飼育指導、しつけ指導などペットと共に楽しく生活するための指導教室も開催している。

写真・スタイリング／蜂巣文香
（p14, 16, 18-21下, 22, 44, 45, 62-65, 108, 109, 111, 121-124は除く）
本文・カバーレイアウト／小野口広子（ベランダ）
編集協力／戸村悦子
協力／認定NPO法人 TSUBASA
武田 毅（ぴいちゃん工房）　岩男富美子
佐藤文子　後藤政枝
Special Thanks／磯 卓也　萩原 茂

[参考文献]

「最適な栄養の基本理念(Current Therapy in Avian Medicine and Surgery)」Brian Speer 曽我玲子[訳]

「Handbook of Avian Medicine」Thomas N. Tully Jr. DVM MS DABVP(Avian) DECZM(Avian), Gerry M . Dorrestein Prof Dr hc DVM

「鳥の栄養に関する研究」イギリス ウォルサム研究所

愛《あい》鳥《ちょう》のための
健《けん》康《こう》手《て》づくりごはん

小鳥《ことり》も大《おお》きな鳥《とり》さんも喜《よろこ》ぶ
シード・ペレット・野菜《やさい》・くだものを使《つか》った かんたんレシピ

2017年2月15日　発　行
2023年1月16日　第2刷

NDC 647

著　者　後藤美穂《ごとうみほ》
発行者　小川雄一
発行所　株式会社　誠文堂新光社
〒113-0033　東京都文京区本郷3-3-11
電話 03-5800-5780
URL https://www.seibundo-shinkosha.net/
印刷所　株式会社大熊整美堂
製本所　和光堂株式会社

ISBN978-4-416-51736-9